Verschleierung der Angaben von Elektrizitätszählern und Abhilfe

Von

Dr.-Ing. Arthur Geldermann

Professor an der National-Industrieschule Buenos Aires
und Professor supl. der National-Universität La Plata
(Argentinien)

Mit 109 Abbildungen im Text

Berlin
Verlag von Julius Springer
1923

ISBN-13: 978-3-642-98650-5   e-ISBN-13: 978-3-642-99465-4

DOI: 10.1007/978-3-642-99465-4

Vorwort.

Die stetig fortschreitende Entwicklung der Elektrotechnik hat
auch ihr gewiß nicht unwichtigstes Sondergebiet, die Zählertechnik,
zu immer höherer Blüte kommen lassen. Jedes Jahr bringt neue
Konstruktionen auf den Markt und ständig werden Verbesserungs-
vorschläge bekannt, die sich in den verschiedensten Richtungen,
Haupt- oder Nebenerfordernisse betreffend, bewegen, um den
Elektrizitätszähler weiter zu vervollkommnen. Die Zahl der sich
praktisch wirklich bewährenden Neuerungen ist hier wie überall
verhältnismäßig gering; immerhin läßt der heutige Stand der
Zählerpraxis noch weitere Verbesserungen zu, die den Anforderungen der Elektrizitätswerke unter dem einen oder andern
Gesichtspunkt mehr entsprechen. Allerdings werden, wie so oft,
auch gerade beim Elektrizitätszähler Vorteile in der einen Richtung meist nur auf Kosten von Vorzügen in anderer Beziehung ermöglicht. Beispielsweise braucht nur vom technischen Standpunkte
aus an das Erfordernis eines möglichst hohen nutzbaren Dreh-
moments und eines möglichst geringen Eigenverbrauchs des
Zählers erinnert zu werden. Allgemein betrachtet wird natürlich
immer von ausschlaggebender Bedeutung die Beantwortung der
Frage sein, ob der Mehraufwand an Kosten — seien es solche der
Anschaffung oder im Betriebe — einer Ausführung gegenüber
andern, alles in allem genommen, ein günstigeres ökonomisches
Gesamtergebnis erwarten läßt. Ist an sich schon die Beurteilung
dieser Frage nicht immer recht einfach, so wird sie besonders
kompliziert, wenn Erwägungen dabei mitsprechen müssen, die
auf die Möglichkeit mißbräuchlicher Beeinflussung der Zählerangaben bei Verwendung der einen oder andern Ausführung
Bezug haben. Was rein mechanische Eingriffe in den Zähler von
unbefugter Hand anbetrifft, so ist im allgemeinen kaum zu befürchten, daß solche bei den anerkannten, gebräuchlichen Typen
und bei sachgemäßer Installation und Kontrolle unbemerkt bleiben und entfällt daher in dieser Hinsicht eine besondere Gegen-

überstellung verschiedener Ausführungen. Anders gestaltet sich
jedoch die Frage, wenn die Möglichkeit vorliegt, daß ohne Eingriff
in den Zähler oder in dessen Zuleitungen, Veränderungen in der
eigenen Anlage des Verbrauchers, den Gang des Zählers beeinträchtigen, beziehungsweise aus diesem Grunde die verbrauchte
Energie nicht richtig gemessen wird. Bei welchen Zählertypen
und welchen Netz- und Anschlußverhältnissen und unter welchen
besondern Umständen solche Fälle möglich werden und unbemerkt bleiben können, sowie ferner welche Bedeutung ihnen zukommen kann und schließlich welche Schutzvorkehrungen möglich sind, ist zum Gegenstand der Erörterungen des vorliegenden
Buches gewählt worden, in der Absicht, dadurch dem Fachmann
mehr Material zur Behandlung der vorstehend formulierten
Grundfrage bezüglich der Wahl der Zählertype zu geben und
ferner dem Revisionsbeamten, der mit der Tatsache der einmal
vorhandenen Zähler zu rechnen hat, von Nutzen zu sein, indem
hierdurch seine Aufmerksamkeit auf den einen oder andern kon-
kreten Fall in seiner Praxis besonders hingelenkt wird.

Wenngleich auch die in erster Linie in Südamerika gesammelten
Erfahrungen nicht ohne weiteres Schlüsse auf den Grad ihrer
Bedeutung für andere Länder zulassen, so wird die vorliegende
systematische Bearbeitung dieses Stoffes immerhin auch im allgemeinen für die Technik von Nutzen sein, indem dadurch dazu
beigetragen werden dürfte, Mängel und Unvollkommenheiten auf
dem Gebiete der elektrischen Energiemessung auszumerzen.

Buenos Aires, im September 1923.

Arthur Geldermann.

Inhaltsverzeichnis.

Allgemeine Vorbemerkungen.

Es liegt in der Natur der Sache, daß die zur Behandlung stehenden Anomalien, je nach der in Betracht kommenden Stromart und Netzausführung, ihr besonderes Gepräge erhalten. Auch dürfte die Möglichkeit des Vorkommens solcher Fälle auf die Wahl des Stromsystems im allgemeinen keinen wesentlichen Einfluß ausüben, da hierfür vielmehr andere im Vordergrunde des Interesses stehende Erwägungen und Rücksichtnahmen ausschlaggebend sind. Erst hiernach tritt an die Zählertechnik die Aufgabe heran, die unter Anpassung an die gegebenen Verhältnisse zweckmäßigste Zählerausführung auszuwählen. Zweifellos bietet diese Aufgabe innerhalb des Eingangs skizzierten Rahmens dieses Buches, soweit es sich um Gleichstromanlagen handelt, im allgemeinen keine besonderen Schwierigkeiten; die wenigen Sonderfälle, die in dieser Hinsicht Erwähnung verdienen, sollen am Schlusse behandelt werden. Ganz anders gestaltet sich jedoch die Frage für Wechselstrom-, im besonderen Drehstromanlagen. Die diesem System zukommenden Eigenschaften, hauptsächlich was die Phasenverschiebungen anbetrifft, ergeben ganz andere Verhältnisse als bei Gleichstrom und es tritt ferner noch der Umstand hinzu, daß hinsichtlich der Erdung von Drehstromnetzen bisher wenig einheitlich vorgegangen worden ist, wodurch sich das Zählerproblem um verschiedene Varianten bereichert sieht. Es gehört nicht hierher, diese in der einschlägigen Fachliteratur vielbehandelte Frage der Erdung aufs neue anzuschneiden, sondern es genüge, an dieser Stelle darauf hinzuweisen, daß heutzutage sowohl bedeutende Drehstromnetze bestehen, bei denen (vorwiegend in England und Nordamerika) der Nullpunkt oder Symmetriepunkt der Generatoren- oder Transformatorenwicklungen direkt (oder indirekt über einen Widerstand oder eine Funkenstrecke) geerdet ist, wie solche, bei denen normalerweise der Nullpunkt isoliert bleibt und die Spannungen gegen Erde nicht fest-

liegen, und auch ferner solche, bei denen an Stelle der Nullpunkts-
erdung die Erdung einer Hauptleitung vorgenommen worden ist.
Der Originalität halber mag erwähnt sein, daß in Buenos Aires in
den verschiedenen Drehstromnetzen alle drei Fälle vertreten sind,
und zwar hat die kurz vor Ausbruch des Weltkriegs gegründete
Compañia Italo Argentina de Electricidad von vornherein der erst-
genannten Lösung, soweit sie nicht Gleichstrom vorgesehen, den
Vorzug gegeben, während bei der älteren, ursprünglich konkurrenz-
los dastehenden Compañia Alemana Transatlantica de Electricidad
(= Deutsch-Überseeische Elektrizitätsgesellschaft heute umge-
wandelt in Compañia Hispano Americana de Electricidad) die
beiden andern Ausführungen vorkommen.

Was die äußere Anordnung des Stoffes anbetrifft, so ist von
dem Gesichtspunkt ausgegangen worden, daß — wie vorstehend
bereits angedeutet wurde — normalerweise die Netz- und Anschluß-
bedingungen als gegeben anzusehen sind und sich hieran die Aufgabe knüpft, die Zuverlässigkeit des betreffenden Zählers unter
den so festgesetzten Bedingungen zu prüfen. Daraus erklärt sich
von selbst die gewählte Einteilung und Unterteilung, die es allerdings nötig macht, bei veränderten Grundbedingungen jeden
Zähler von neuem in die Betrachtung einzubeziehen[1]), dafür es
aber anderseits ermöglicht, die Einheitlichkeit und Übersicht-
lichkeit im Sinne jener den ganzen Stoff beherrschenden Bedingungen systematisch zu wahren.

---

[1]) Hierbei ist im ersten Teil besonders ausführlich verfahren und die
Numerierung der dazugehörigen Fälle gleichzeitig im Interesse späterer Be-
zugnahme auf diese durchgeführt. Der zweite Teil ließ sich, als auf die Darlegungen des ersten folgend und das Studium dieses voraussetzend, erheblich kürzer gestalten, während im dritten Teil aus gleichen Gründen und
unter Wegfall der Numerierungen der Text noch knapper gefaßt werden
konnte.

Einleitung.

Die Grundregel, deren Beobachtung bei der Wahl eines Zählers hinsichtlich seiner Systemzahl die theoretisch einwandfreieste Lösung darstellen würde, vielfach aber aus Gründen der Ökonomie keine Berücksichtigung findet, läßt sich allgemein dahin formulieren, daß die Zahl der messenden Systeme nur um eins kleiner sein sollte, als die Anzahl der dem Konsumenten zur Verfügung stehenden verschiedenen Potentiale, wobei im Prinzip nicht lediglich die zum Zähler gehörigen Leitungen berücksichtigt werden sollten, sondern auch ferner in die Betrachtung einzubegreifen wäre, ob nicht auf anderm Wege, sei es durch Erdung oder auch etwa über einen andern Zähler noch ein weiteres Potential, als durch die betreffenden eingeführten Leitungen gegeben, zugänglich ist. Die Möglichkeit mißbräuchlicher Beeinflussung der Zählerangaben wäre bei strikter Befolgung dieser Regel erheblich geringer, aber wenn diese auch selbst in Zukunft bei neuen Anschlüssen mehr eingehalten werden sollte, so steht doch immerhin von alters her eine große Anzahl von Anlagen nicht damit in Einklang, haben doch sogar noch manche Elektrizitätswerke Zähler mit nur einem messenden System bei Drehstromanschlüssen in Gebrauch.

Inwieweit von dem vorgenannten Grundsatz bei Anwendung anderer, gegebenenfalls noch weiterreichender Vorkehrungen zweckmäßigerweise abgegangen werden kann, ist eine der Fragen, die von Fall zu Fall zu erörtern sind, während das prinzipielle Merkmal der durch die eine oder andere Schutzmaßnahme auszumerzenden besonderen Klasse von Mißbräuchen dahin zu definieren ist, daß die Grundformel:

$$\sum_{1}^{n} i = 0$$

auf die durch den Zähler geführten n-Leitungen bezogen, nicht mehr erfüllt ist, weil der Stromtransport nicht ausschließlich durch diese, sondern unter Mitbenutzung anderer Wege vor sich geht. Diese Tatsache an sich hat solange nichts zu bedeuten, als die Meßfunktionen des Zählens dadurch nicht beeinträchtigt werden, wie dies bei vielen Anlagen der Fall ist. Auch ist mit diesem Umstande von vornherein zu rechnen, wenn dem Verbraucher gestattet ist, eine seiner Leitungen blank zu verlegen. Aber in allen jenen Fällen, in denen er seine Leitungen isoliert von Erde zu verlegen hat und außerdem die Möglichkeit besteht, daß durch die Mitbenutzung nicht zu dem bestimmten Zähler gehöriger Stromwege das Elektrizitätswerk geschädigt werden kann, tritt die Erfüllung obiger Formel in den Vordergrund, so daß es je nach Lage der Verhältnisse angezeigt sein mag, jenes Merkmal genau so gut unter Kontrolle zu stellen wie den mechanischen Verschluß des Zählers selbst. Wenn aber an den bestehenden Verhältnissen — zumeist wegen der damit verbundenen Kosten — nichts geändert werden kann und somit also keinerlei Schutzvorkehrungen mehr vorgesehen werden können, dann wird es immerhin am Platze sein, sich gerade in dieser Hinsicht genau bewußt zu werden, welche Türen dem Mißbrauche jeweilig offen stehen, so daß in bestimmten Fällen, wenigstens bei vorgenommener Revision, eher eine Aufdeckung des Tatbestandes möglich wird. Daß gerade die in dieses Gebiet fallenden Verschleierungen des wirklichen Verbrauchs der elektrischen Energie im allgemeinen besonders leicht unbemerkt bleiben können, ist vor allem darauf zurückzuführen, daß die entsprechenden Manipulationen zumeist ausschließlich nur in der eigenen Installation des Konsumenten vorgenommen zu werden brauchen, aber selbst auch in dem Falle, in welchem der letztere außerdem eine Veränderung an dem dem Elektrizitätswerke gehörigen Anschlusse wagt, um zu seinem Ziele kommen zu können, bleibt ein solches Vorgehen oft lange Zeit unentdeckt, und je nach Art des Eingriffs hält es nicht selten schwer, den Täter des ausgeübten Betruges zu überführen. In den nachstehend zur Behandlung kommenden Fällen werden auch hierfür Beispiele, die das Gesagte näher erläutern, gegeben.

I. Drehstromnetz mit geerdetem Nullpunkt.

A. Speisung von Zweileiteranlagen.

1. Anschluß an Phasenspannung über einpoligen Zähler.

(Fall 1—4.)

Die zweckmäßigste Type ist unstreitig für den vorliegenden einfachen Fall der gewöhnliche Einsystem-Wattstundenzähler in sogenannter einpoliger Ausführung, bei der nur auf eine Leitung eine Stromspule kommt (Abb. 1). Die Verwendung dieses Zählers läßt hier bei geeigneter sonstiger Ausführung des Anschlusses betrügerische Schaltungsänderungen kaum vorkommen. Solche werden eigentlich erst durch Außerachtlassung der einen oder andern Vorsichtsmaßregel ermöglicht. Daß stets einwandfrei nachzukontrollieren ist, ob der Zähler auch vorschriftsmäßig angeschlossen ist, dürfte sich von selbst verstehen, würde doch die Verwechslung der Anschlußleitungen und die damit stattfindende Verlegung der Stromspule in den Nulleiter ohne weiteres zunächst schon zur Folge haben, daß zwischen der Phasenleitung des Abnehmers und Erde (an Stelle des eingeführten Nulleiters) Strom gratis entnommen werden könnte[1].

Eine andere Kontrolle zur Sicherstellung der Zählerzuverlässigkeit wird hingegen eher außer acht gelassen, da die Folgen davon nicht so offensichtlich zutage liegen. Gelingt es dem Abnehmer

---

[1] Die Nichtbeobachtung dieser Regel würde bekanntlich auch, ohne daß ein Betrug vorläge, die Meßfunktionen des Zählers beeinträchtigen, falls in der Installation des Abnehmers der Nulleiter nicht oder nicht genügend von Erde isoliert wäre, so daß ein mehr oder weniger großer Teil des diesem Leiter zukommenden Stromes seinen Weg durch die Erde nähme.

nämlich, irgendeine Unterbrechung in der Nulleiterzuführung zwischen Netz und vorschriftsmäßig geschaltetem Zähler zu be-

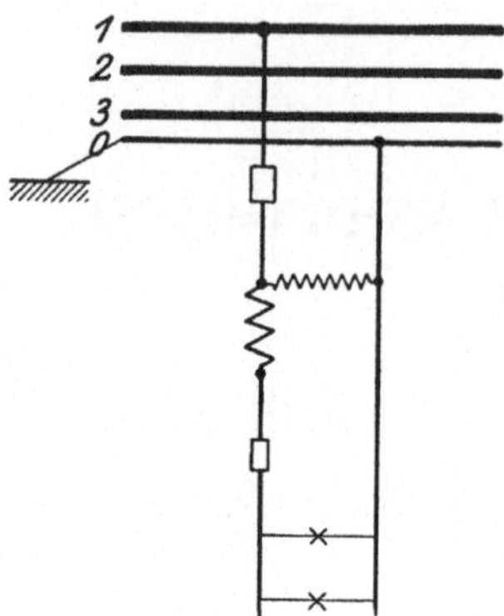

Abb. 1. Einpoliger Einsystem-Wattstundenzähler.

werkstelligen, so hat er es vollkommen in der Hand, den Zähler nach seinem Belieben die verbrauchte Energie messen zu lassen oder nicht **(Fall 1)**, wozu er nur den Nulleiter seiner eigenen Installation irgendwo an Erde zu legen braucht (Abb. 2). Schraubt er dann seine Sicherung in β aus oder unterbricht, bei Fehlen einer solchen, in beliebiger Weise die betreffende eigene Installationsleitung, so ist der Spannungskreis des Zählers unterbrochen und der Zähler bleibt infolgedessen stehen.

In dem Umstande aber, daß auch bei dauernd unterbrochener Nullverbindung des Netzes mit dem Zähler dieser trotzdem weiterregistriert, sobald es der Abnehmer will, d. h. sobald er die vom Zähler abgehende entsprechende Leitung in seiner eigenen Installation wieder anschließt, liegt die Gefahr, daß ein solcher Mißbrauch, wenn er einmal eingerissen ist, dem Überwachungsbeamten des Werkes verborgen bleibt. Selbst eine Kontrolle des Zählergangs würde nur dann ohne weiteres den Tatbestand auf decken, wenn auch in eben diesem Zeitpunkt die betreffende Leitung des Abnehmers gerade unterbrochen wäre und der Zähler somit nicht funktionieren würde.

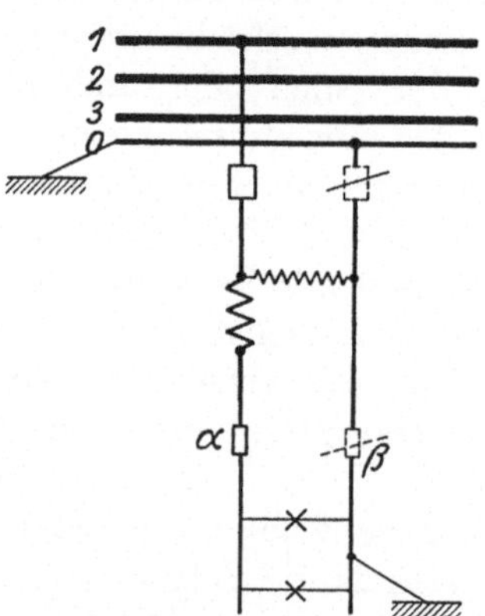

Abb. 2. **Fall 1:** Unterbrechung in der Nulleiterzuführung.

Nach dem Vorgesagten ist es augenfällig, daß das Vorhandensein einer Sicherung in der Nulleitung zum Zähler dazu beitragen kann, den geschilderten Zustand zu schaffen, und zwar selbst dann, wenn alle Vorkehrungen so getroffen worden sind, daß ein direkter Eingriff nicht unbemerkt bewerkstelligt werden kann. **(Fall 2.)** Es ist vorgekommen, daß die betreffende Sicherung einfach durch Vermittlung eines kleinen, improvisierten Stromtransformators durchgeschlagen wurde (Abb. 3). Als einziges verbleibendes äußeres Merkmal, um einen fraglichen Mißbrauch aufzudecken, ist eine durchgeschmolzene Sicherung, gewiß ein recht dürftiges Beweismaterial, und es müssen schon andere Umstände zufälligen Charakters hinzutreten, um eine Überführung zu ermöglichen. Daß anderseits auch durch Zufall gerade die Möglichkeiten zu solchen betrügerischen Manipulationen bekannt werden, lehrt ein Vorkommnis, bei welchem der Abnehmer infolge einer Überlastung — der alltäglichste Fall — plötzlich ohne Strom blieb. Er wechselte seine Schmelzstöpsel aus und prüfte dann an seiner Anlage herum, wobei er zufällig bemerkte, daß eine seiner Leitungen noch Spannung gegen Erde hatte. Es war also offenbar von den Anschlußsicherungen zum Zähler lediglich die im Nulleiternetzanschluß gelegene Sicherung durchgeschlagen und die in der Phasenleitung gelegene heil geblieben[1]). Bei Stromentnahme durch Schaltung an Erde kam der Konsument dann auf den Gedanken, die eine seiner Sicherungen aus der jetzt für ihn überflüssig gewordenen Leitung herauszunehmen, und bemerkte dabei, daß nunmehr der Zähler stehenblieb.

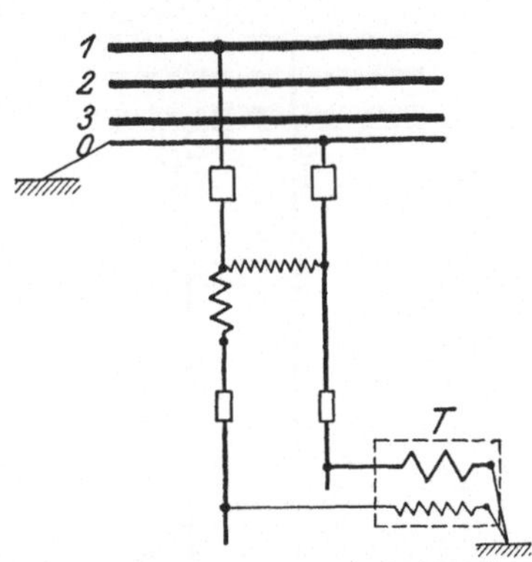

Abb. 3. **Fall 2:** Netzanschlußsicherung im Nulleiter wird mittels Transformators durchgeschlagen.

Fall 3. Ein besonders raffinierter Fall von Mißbrauch dieser Art, der als Kuriosum vermerkt sei, trug sich folgendermaßen zu. Ein Abnehmer, der die vorgeschilderten Umstände zu seinem Vorteil ausnutzte und zweifellos über einige Fachkenntnisse verfügte,

---

[1]) An und für sich ist hierzu noch zu erwähnen, daß es leider nicht selten vorkommt, daß lediglich infolge der Verwendung minderwertiger bzw. schlechtbemessener Schmelzstöpsel die Hausanschlußsicherungen anstatt der hinter dem Zähler liegenden, dem Abnehmer zugänglichen Sicherungen durchschmelzen, ganz davon abgesehen, daß letztere auch nur zu oft in unstatthafter Weise illusorisch gemacht werden.

brachte es — damit seine Angestellten oder andere nicht so leicht seinen Betrug durchschauten — durch einmalige Abänderung der Schaltung zustande, daß der Zähler stets, während Energie verbraucht wurde, funktionierte, aber nur einen ganz erheblich kleineren Teil als den wirklichen Verbrauch registrierte. Wie Abb. 4 zeigt, bestand der angewandte Trick lediglich darin, außerhalb des Zählers seinem Spannungszweig einen sehr hohen Widerstand zuzuschalten, so daß das eigentliche Zählersystem unter einer erheblich niedrigeren als der normalen Spannung stand. Allerdings ist in einem solchen Falle die Absicht des Betruges durch erdrückendes Beweismaterial nachgewiesen, vorausgesetzt natürlich, daß es glückt, den Tatbestand einwandfrei festzustellen.

Um der Möglichkeit des Mißbrauchs, den Zähler vom Nullleiter des Netzes vermittelst der betreffenden Sicherung abzutrennen, die Spitze abzubrechen, würde es genügen, in jener Leitung, ähnlich wie bei Gleichstromanlagen mit geerdetem Mittelleiter, prinzipiell keine Sicherung vorzusehen, wie dies bei zahlreichen Werken längst zur Regel geworden ist. Einen Vorteil bietet eine solche Sicherung ohnehin nicht, es sei denn, daß man mit der Unzuverlässigkeit der ausführenden Organe hinsichtlich von Verwechslungen der Leitungen rechnet, aber bei Kenntlichmachung der letzteren und sachgemäßer Kontrolle dürfte darin kein hinlänglicher Grund mehr zu erblicken sein, um in den Abzweigungen von dauernd geerdeten Leitungen Sicherungen beizubehalten.

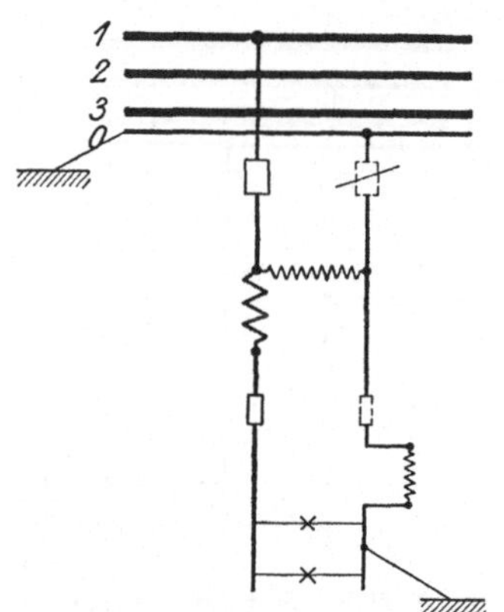

Abb. 4. **Fall 3:** Betrügerische Abänderung der Schaltung des Spannungszweiges.

Von der Frage der Sicherungen abgesehen, ist die Möglichkeit für diese Art von Mißbrauch nur bei mechanischem Eingriff in die Nulleitung gegeben. Darauf, daß solche Eingriffe in die Verbindungsleitungen des Zählers mit dem Netz nicht vorkommen oder aber nicht unbemerkt bleiben, richtet jedes Werk schon deshalb sein Augenmerk, um die gewöhnlichen groben Betrügereien auszumerzen, die in der Anzapfung von vor dem Zähler liegenden Leitungen bzw. in der Umgehung des normalen Stromwegs durch den Zähler (u. a. durch Überbrückung der wirksamen Stromspule) bestehen.

Inwiefern auch durch nur gelegentlich — z. B. hin und wieder nachts — vorgenommene Eingriffe in die Zuleitungen bei Verborgenbleiben das Werk Schaden leiden kann, lehrt der in Abb. 5 illustrierte Fall **(Fall 4)**, der sich freilich nicht auf die in diesem Kapitel zur Behandlung stehenden Netzverhältnisse beschränkt, sondern, sofern nicht zuverlässige Kontrolle gewährleistet ist, allgemein vorkommen kann. Wie aus der Abb. 5 ersichtlich, ist hier ein kleiner Transformator zur Verwendung gekommen, welcher bei entsprechender Anschaltung infolge entgegengesetzten Richtungssinnes der Momentanwerte von Strom und Spannung den Rückwärtslauf des Zählers verursachte. Eine Sperrvorrichtung zur mechanischen Verhinderung der Bewegung der Zählerorgane in umgekehrter Richtung schließt diesen Mißbrauch aus. Sofern durch eine solche Vorrichtung nicht Unsicherheiten in den Zähler hereingetragen werden oder andere Nachteile in die Wagschale fallen,

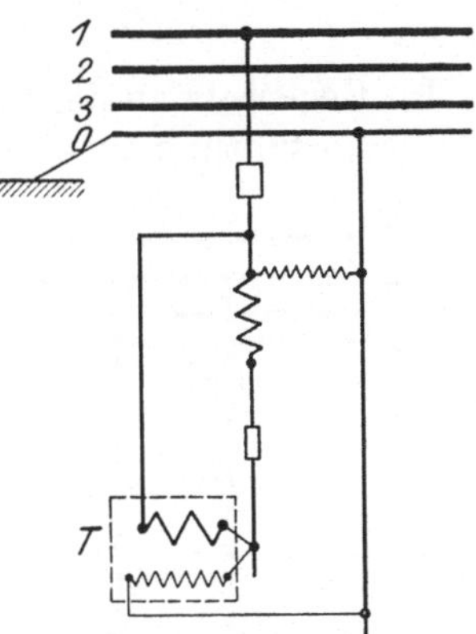

Abb. 5. **Fall 4:** Rückwärtslauf des Zählers durch Transformatorverwendung.

ist der so ausgerüstete Zähler dem gewöhnlichen vorzuziehen.

Der Vollständigkeit halber sei erwähnt, daß bei der behandelten Zählertype die Möglichkeit, zwei oder mehrere solcher benachbarten Zähler miteinander in Verbindung zu bringen, keine weiteren als die geschilderten Gefahren mit sich bringt, sofern gleiche Tarife für die fraglichen Zähler gelten und daher eine Übertragung der Angaben des einen auf den andern keine Schädigung des Werk bedeutet.

Ein Rückblick auf die vorgeschilderten Fälle läßt zweifellos das Gefühl ziemlicher Sicherheit hinsichtlich der Zuverlässigkeit der besprochenen Zählertype unter den gegebenen Verhältnissen und bei geeigneter Ausführung des Anschlusses sowie gewissenhafter Revision als berechtigt erscheinen. Nur in vereinzelten Fällen, unter ganz besondern Umständen wird daher hier der Wunsch nach einer weiterreichenden Schutzvorrichtung im Zähler selbst, die auch sämtliche vorgenannten Mißbrauchsmöglichkeiten generell treffen würde, rege werden, worüber an späterer Stelle eingehend gesprochen werden wird.

2. Anschluß an Phasenspannung über zweipoligen Zähler.

(Fall 5—7.)

Im Gegensatz zu der im vorigen Abschnitt eingangs definierten Zählerausführung soll in nachstehendem der sogenannte zweipolige Zähler, welcher in jeder der beiden Leitungen eine Stromspule enthält (Abb. 6), behandelt werden. Es sei vorausgeschickt, daß die Verwendung eines solchen Zählers unter den vorliegenden Bedingungen an sich verwerflich ist, weil dadurch die Zuverlässigkeit der Zählerangaben, auch ohne daß betrügerische Absichten vorliegen, in Frage gestellt werden kann. Die allgemeine Regel lautet somit dahin, daß in einer geerdeten Leitung keine Zählerstromspule liegen soll. Da aber trotzdem Abweichungen hiervon vorkommen, sei es, daß dieser Regel keine Beachtung geschenkt wird[1]

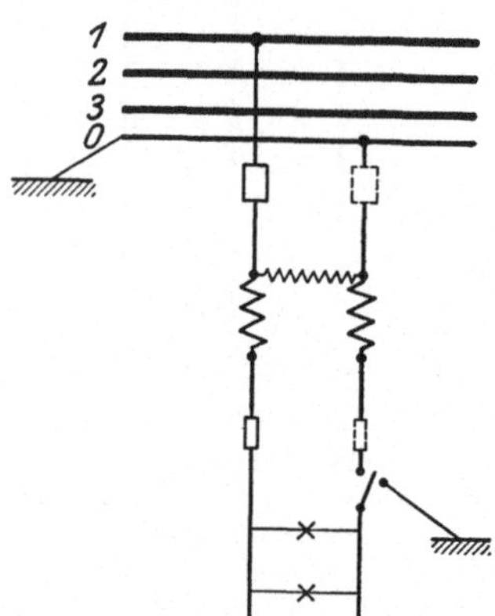

Abb. 6. **Fall 5:** Umgehung der einen Stromspule des zweipoligen Zählers durch Schaltung an Erde.

oder daß später erst eine von vornherein nicht beabsichtigte Erdung des Nullpunktes des Netzes eingeführt wird, so verdienen sie immerhin Erwähnung.

---

[1] Ähnliche Fälle kommen nicht nur bei Elektrizitätswerken von geringer Bedeutung vor; sogar in Buenos Aires sind unter analogen Verhältnissen seit Jahren für Zweileiteranschlüsse bei einer geerdeten Leitung vielfach zweipolige Zähler zur Verwendung gekommen und — nebenbei bemerkt — Sicherungen stets in beiden Leitungen vorgesehen worden. Hierauf wird an anderer Stelle noch zurückzukommen sein.

Fall 5. Wie aus Abb. 6 ohne weiteres erhellt, wird der Zähler bei gegen Erde angeschlossener Belastung nur den halben Betrag der wirklich verbrauchten Energie messen, da die in der genannten Leitung liegende Stromspule wirkungslos bleibt.

Fall 6. Ferner ist hier die Gefahr, daß der Zähler elektrisch zurückgestellt werde, erheblich größer, da dazu keinerlei Eingriffe in die Zähleranschlußleitungen mehr erforderlich sind, wie an Hand von Abb. 7 und unter Berücksichtigung des früher betr. Fall 4 Gesagten ersichtlich ist. Daß auch gerade auf diese Möglichkeit zufällig jemand aufmerksam werden kann, beweist z. B. folgendes Vorkommnis.

Fall 7. In einer Wechselstromzweileiterhausanlage mit einem ungeerdeten und einem geerdeten Leiter sollte ein Klingeltransformator eingefügt werden. Zur Vereinfachung der Leitungsführung und zur gleichzeitigen Erdung des Sekundärkreises wollte der Installateur die Erde als eine Leitung benutzen und, da er an der erhöhten Stelle, an der er den Transformator anbrachte, nicht gerade eine geeignete natürliche Erdung vornehmen konnte, sagte er sich, daß es auf dasselbe hinauskomme, wenn er die geerdete Leitung des Hausanschlusses

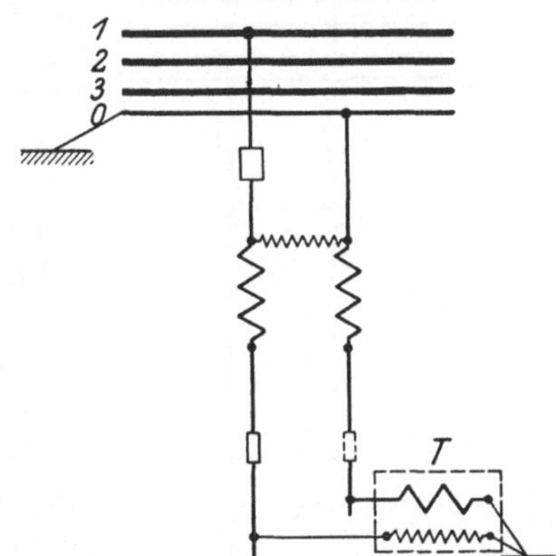

Abb. 7. **Fall 6:** Elektrisches Zurückstellen des Zählers mittels Transformators über Erde.

zu Hilfe nähme (Abb. 8). Somit mußte der Strom des Sekundärkreises durch die eine Hauptstromspule des Zählers gehen und bewirkte hierdurch Rücklauf, da in bezug auf die Schaltung das Vorgesagte (betr. Fall 4) zutraf und bei Abwesenheit sonstiger Belastung der normal durch den Zähler gehende Strom — der lediglich dem Bedarf der Primärseite des Transformators entsprach — erheblich kleiner war als der Sekundärstrom.

Es liegt auf der Hand, daß an Stelle eines in diesem Sinne verhältnismäßig harmlosen Klingeltransformators mittelst anderer, durch Kleintransformatoren geschaffener Verhältnisse die gleiche Wirkung in verstärktem Maße hervorgerufen werden kann. Auch

sind Fälle vorgekommen, bei welchen derartige Apparate als Steh-
lampen figurierten, die außer polarisiertem Stecker noch eine
Erdungsklemme (angeblich als Sicherungsmaßnahme) hatten und
die bei bestimmter Lampenstärke selbst einen geringen positiven
Lauf des Zählers zuließen, da die in entgegengesetzter Richtung
wirkende Sekundärstromstärke die Wirkung der Primärstrom-
stärke nicht ganz ausglich.

Es ist nicht ausgeschlossen, daß ein Laie solche Vorrichtungen,
die ihm des geringen Stromverbrauches wegen angepriesen worden

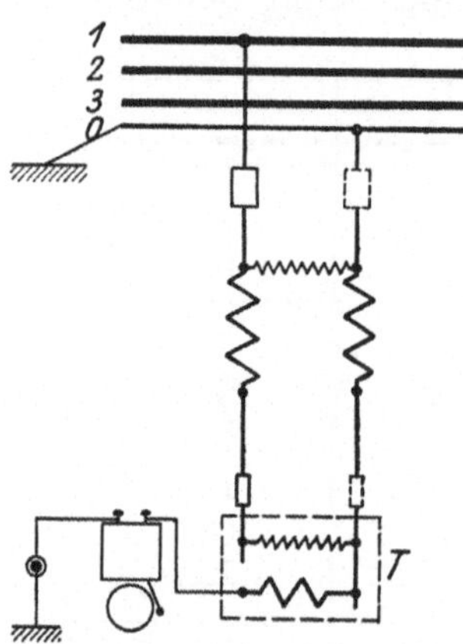

sind, ohne den wahren Sachverhalt
zu kennen, benutzt; jedenfalls ist das
Gegenteil schwer nachzuweisen, solange er nicht gerade dabei betroffen
wird, wie er mittels stärkerer Belastung den Zähler absichtlich rückwärts laufen läßt.

Da eine mechanische Sperrvorrichtung im Zähler übrigens nur den
direkten Rückwärtslauf ausschließt,
würde eine solche die angedeutete
Verlangsamung des positiven Gangs
des Zählers zum Schaden des Werks
nicht verhindern.

Es sei noch darauf hingewiesen, daß
die unter Abschnitt 1 besprochenen
Möglichkeiten von Verschleierung des
Energieverbrauchs mittels zeitweiliger

Abb. 8. **Fall 7:** Klingeltransformator als Ursache der Zähler-
beeinflussung.

beiderseitiger Abschaltung des Nulleiters vom Zähler (Fall 1 und 2)
oder anderweitiger Einwirkung auf den Spannungszweig des letzteren (Fall 3) ebenso hier beim zweipoligen Zähler vorhanden sind,
der in dieser Beziehung weiter nichts hinzuzufügen nötig macht.

3. Anschluß
an verkettete Spannung über einpoligen Zähler.

a) Der Zähler an sich.

(Fall 8—10.)

Fall 8. Im vorliegenden Fall (Abb. 9) steht zunächst zwischen
Leiter 2, in welchem keine Stromspule liegt, und der Erde die

Phasenspannung gratis zur Verfügung; sofern nicht in der gleichen Lokalität diese Spannung auch normalerweise abgegeben wird, ist die Gefahr, daß der Abnehmer unter Ausnutzung dieses Umstandes das Werk schädigt, nicht sehr groß. Immerhin kann er für einzelne Anwendungen sich mit dem geringen, durch die niedrigere Spannung bedingten Effekt begnügen oder sich auch besondere für die Phasenspannung passende Stromverbraucher besorgen.

Die Tatsache, daß der Konsument über verkettete Spannung und über Phasenspannung verfügt, schließt aber noch eine weitere Gefahr in sich. Bekanntlich bestehen zwischen diesen Spannungen

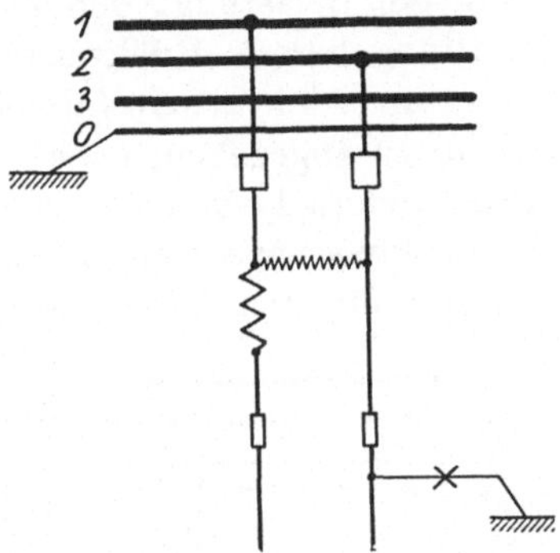

Abb. 9. **Fall 8:** Phasenspannung steht umsonst zur Verfügung.

Verschiebungen von 30°, und zwar eilt unter Annahme des diesen Betrachtungen zugrunde liegenden Vektordiagramms (Abb. 10)

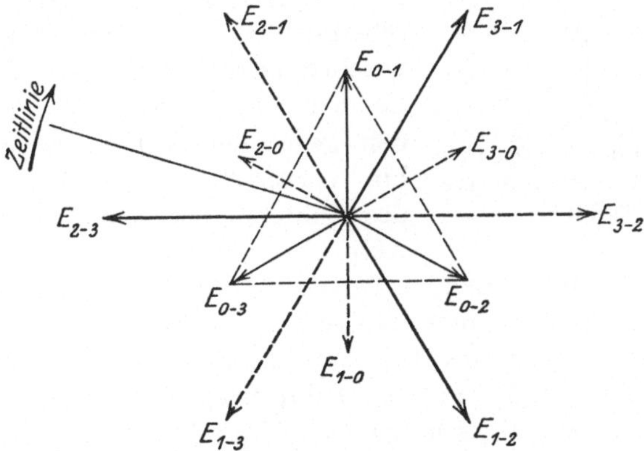

Abb. 10. Den vorliegenden Betrachtungen zugrunde gelegtes Vektordiagramm der Spannungen.

die verkettete Spannung E_{1-2} der Phasenspannung E_{1-0} vor. **(Fall 9.)** Damit ergibt sich, daß wenn die durch die Zählerstromspule zur Erde fließende, von E_{1-0} herrührende Stromstärke J_{1-0} um mehr als 60° hinter ihrer Spannung zurückbleibt (Abb. 11), der

Zähler rückwärts laufen muß, denn der Winkel zwischen der an der Zählerspannungsspule liegenden Spannung E_{1-2} und der durch die Stromspule gehenden Stromstärke J_{1-0} übersteigt 90^0. Eine induktive Belastung, deren $\cos \varphi < 0{,}5$, bringt also bei dieser Schaltung bereits Rückwärtslauf des Zählers hervor. Hiergegen kann man sich in etwa schützen, indem man den Zähler, anstatt wie in Abb. 11 angegeben, nach Abb. 12 schaltet, d. h. die Stromspule in die andere Leitung 2 verlegt. Die verkettete Spannung E_{2-1} eilt der Phasenspannung E_{2-0} um 30^0 nach. **(Fall 10.)** Es würde also die für den Zähler in Frage kommende Verschiebung nur

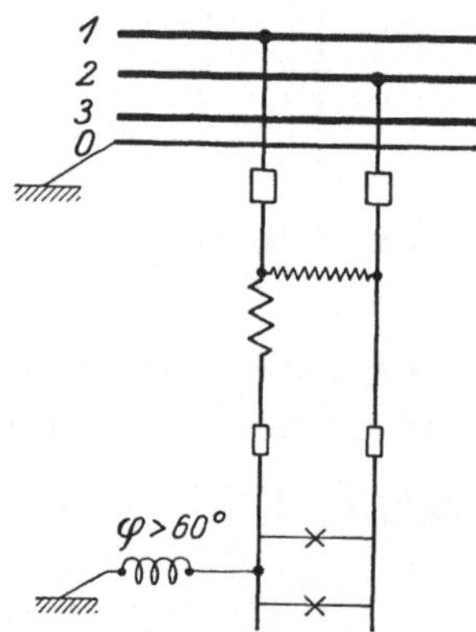

Abb. 11. **Fall 9:** Rückwärtsgang des Zählers infolge über Erde geschalteter induktiver Belastung.

dann 90^0 übersteigen, falls die durch E_{2-0} bedingte Stromstärke ihrer Spannung um mehr als 60^0 voreilte, d. h. kapazitive Last in Frage käme. Wenn auch in dieser Hinsicht die Verwendung der gewöhnlichen billigen Papierkondensatoren in größerer Anzahl dem unlauteren Zweck des Abnehmers dienen könnte, so ist doch ein solcher Fall weit weniger wahrscheinlich als die Verwendung irgendwelcher stark induktiven Belastung. Es wird aus diesem Grunde unter den gegebenen Verhältnissen immerhin vorzuziehen sein, bei Anschluß des Zählers sinngemäß entsprechend Abb. 12 zu verfahren, so daß eine an die Phasenspannung gelegte induktive Belastung nur den positiven Gang des Zählers beschleunigen kann.

Daß tatsächlich in der Kombination der vorhandenen Phasenverschiebung von 30^0 mit einer durch induktive Belastung hergestellten, eine praktisch ins Gewicht fallende Schädigung der Interessen des Werks verbunden sein kann, sei noch folgendermaßen dargetan:

Der Zähler möge für 220 Volt und 5 Ampere bemessen sein. Der Phasenwinkel der diese Stromstärke aufnehmenden Belastung betrage 80^0 ($\cos \varphi \cong 0{,}174$), ein Wert, der praktisch leicht vorkommen kann, paßt er doch schon öfter auf gewöhnliche Rollen von Spulendraht in der Form, wie letzterer zum Versand kommt.

Auf Grund dieser Daten ergibt sich die der Zählerregistrierung zugrunde liegende Leistung:

$$P' = E J \cos (30^0 + 80^0) \cong - 376 \text{ Watt.}$$

Demnach kann der dem Werk bereits in einer einzigen Nacht zugefügte Schaden — unter Annahme von zehnstündiger Anschlußdauer — 3,76 kWh betragen[1]). Dieser Arbeitswert ist bei weitem höher als derjenige, welcher über einen solchen Zähler im allgemeinen pro Tag normalerweise entnommen wird, so daß der Abnehmer es mithin in der Hand hat, den von ihm zu zahlenden Betrag ganz nach seinem eigenen Belieben zu bemessen.

Auch hier sollte nicht außer acht gelassen werden, daß eine Schädigung des Werks selbst dann noch stattfinden kann, wenn der Zähler mit Sperrvorrichtung gegen Rücklauf versehen ist. Falls nämlich der Abnehmer mit Hilfe der Phasenspannung den Zähler in der geschilderten Weise beeinflußt, während zur selben Zeit normalgeschaltete Stromverbraucher ordnungsmäßig angeschlossen sind, verlangsamt der nur gegen direkten Rücklauf geschützte Zähler unter diesen Umständen seinen positiven Lauf in dem Maße, in welchem er, ungehemmt, ohne Vorhandensein normal geschalteter Belastung rückwärts gehen würde.

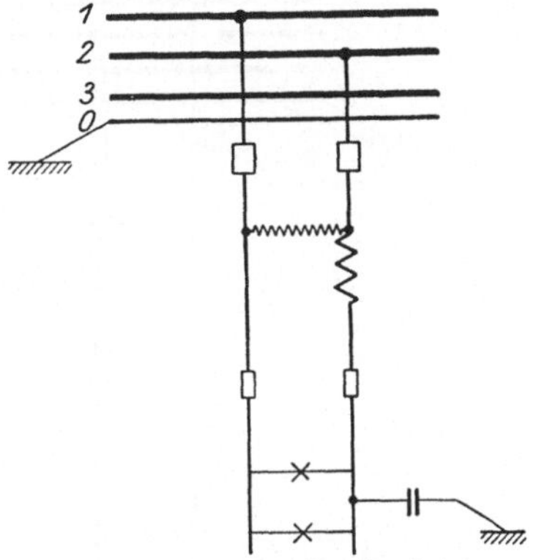

Abb. 12. **Fall 10:** Rückwärtsgang des Zählers infolge über Erde geschalteter kapazitiver Belastung.

Was den Mißbrauch anbetrifft, der durch beiderseitige Abtrennung eines Leiters vom Zähler (ähnlich wie in Abschnitt 1 beschrieben) verübt werden könnte, so ist zu bemerken, daß ein solcher gleicher Art unter Beibehaltung der normalen Gebrauchsspannung solange nicht zu befürchten ist, wie dem Abnehmer die

---

[1]) Es ist hierbei noch außer acht gelassen worden, daß der Abnehmer sich gar nicht auf die angenommene Nennstromstärke von fünf Ampere zu beschränken braucht, sondern sowohl Zähler wie Anschlußsicherungen infolge ihrer Überlastbarkeit eine weit höhere Stromstärke zulassen.

betreffenden Phasenpotentiale nur über den einen Zähler zugänglich sind. Eine Abweichung von dieser Voraussetzung ist in folgendem Fall gegeben.

b) Kombination zwischen zwei benachbarten Zählern.

Hat der Konsument Gelegenheit, sich mit dem Inhaber eines benachbarten Zähleranschlusses ins Einvernehmen zu setzen, so daß er über dessen Anlage hinweg den Stromkreis zum Netz schließen kann (Abb. 13), so kommt er noch viel einfacher als

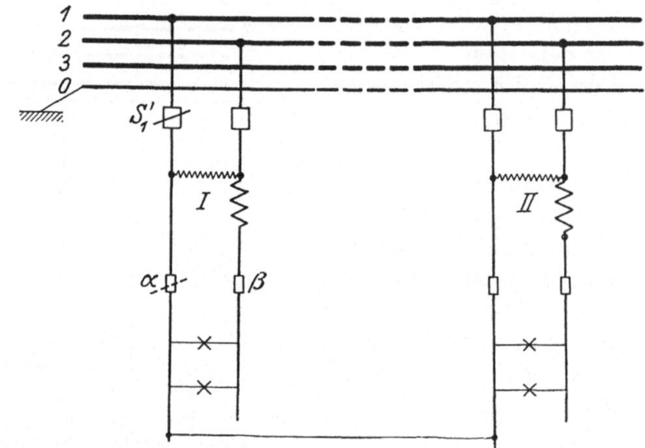

Abb. 13. **Fall 11:** Kombination zwischen zwei benachbarten einpoligen Zählern mittels Sicherungsdurchschmelzung zwecks beliebigen Stillsetzens des einen.

früher (Fall 1, 2 und 3) zum gleichen Ziel, denn da bei zwei ungeerdeten Leitungen stets Sicherungen vorhanden sein müssen, ferner aber gegen Erde die Phasenspannung besteht **(Fall 11)**, so kann er diejenige Leitung, die Anschluß eines Verbrauchers bei reduzierter Leistung gratis ermöglicht (weil keine Stromspule in der Leitung enthalten ist), direkt an Erde legen und durch Durchschlagen der Sicherung S_1' diese Leitung vom Netz abtrennen. Damit hat er es in der Hand, den Zähler I nach Belieben anhalten oder laufen zu lassen, je nachdem er seine eigene Sicherung in α los- oder festschraubt. Wie aus der Abb. 13 ersichtlich, bleibt dieser Vorgang auf den benachbarten Zähler II ohne Einfluß.

Eine dauernde Gefahr, daß auch gleichzeitig der an Zähler II
angeschlossene Abnehmer ihn in ähnlicher Weise außer Funktion
setzt, besteht nicht. Würde nämlich dieser Konsument, um zu
demselben Ziele zu gelangen, die Sicherung S_2'' (Abb. 14) durch
Kurzschluß gegen Erde zum Durchschmelzen bringen **(Fall 12)**,
so würde der Zähler II, da seine Stromquelle stets ohne Strom
bliebe, überhaupt nicht mehr registrieren können, so daß bei Kon-
statierung des unveränderten Zählerstandes die Aufmerksamkeit

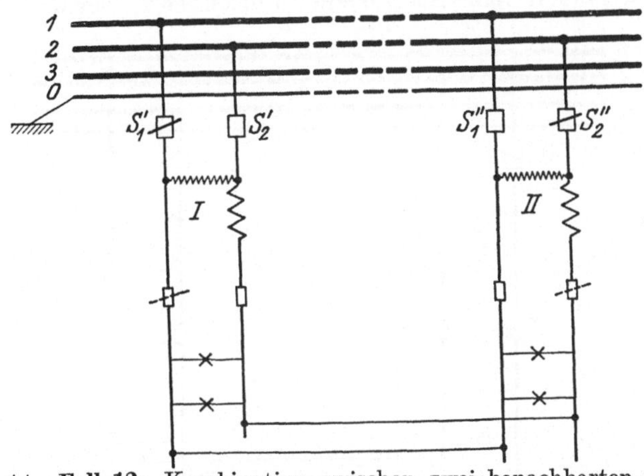

Abb. 14. **Fall 12:** Kombination zwischen zwei benachbarten einpoligen
Zählern mittels Sicherungsdurchschmelzung zwecks beliebigen Stillsetzens
des einen und permanenter Außerbetriebsetzung des andern.

des Werkes ohne weiteres auf den anormalen Zustand der Anlage
hingelenkt würde.

Der äußerst kleine Strom des Spannungszweiges, der gegebenenfalls seinen Weg durch die Stromspule nehmen würde, ist im vorstehenden außer acht gelassen worden; denn wenn überhaupt die
Anlaufsempfindlichkeit des betreffenden Zählers eine so hohe ist,
daß er bei dieser Stromstärke bereits zu registrieren anfängt, so
würde der Zähler dann lediglich rückwärts laufen können, weil der
Sinn des Anschlusses der Stromspule bei derartiger Speisung der
Spannungsspule umgekehrt wie im normalen Fall gerichtet ist.

Fall 13. Der Abnehmer II ist allerdings, auch ohne seinen Zähler
außer Betrieb zu setzen, in der Lage, Energie betrügerischerweise
über die Anlage I zu entnehmen, wie Abb. 15 veranschaulicht.

Immerhin ist die in Abb. 13, 14, 15 gewählte äquivalente Schaltungsart der beiden benachbarten einpoligen Zähler als die wenigst nachteilige anzusehen, wie sich bei Betrachtung der übrigen Schaltungsmöglichkeiten ergibt. Zur näheren Illustration hierüber seien die wesentlichsten davon, die prinzipielle Verschiedenheiten aufweisen, nachstehend aufgeführt.

Bei der vorgewählten Schaltungsart waren für beide Anlagen lediglich zwei Potentiale zur Verwendung gekommen, und zwar so, daß die beiden keine Stromspulen führenden Leiter und damit

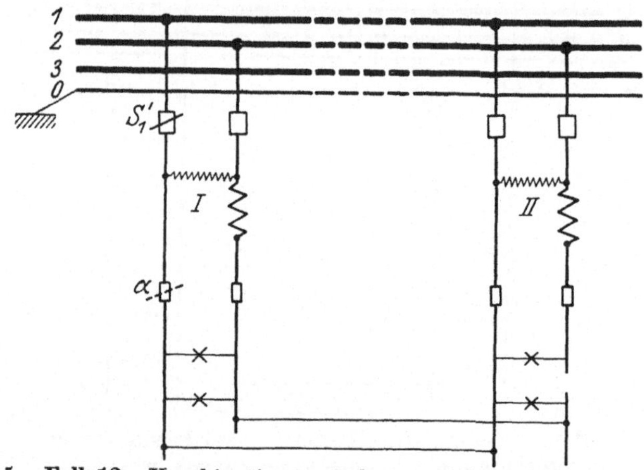

Abb. 15. **Fall 13:** Kombination zwischen zwei benachbarten einpoligen Zählern mittels Sicherungsdurchschmelzung wodurch beide Abnehmer ihren Energieverbrauch beliebig verschleiern können.

auch die beiden andern unter sich gleiches Potential hatten. **(Fall 14.)** Der in seinen Folgen am wenigsten von jenem abweichende Fall ist in Abb. 16 dargestellt. Auch hier sind die keine Stromspule führenden beiden Leiter an der gleichen Hauptlinie angeschlossen, dagegen die beiden andern Leiter an den zwei übrigen Hauptlinien. Danach sind im Grunde genommen die beiden Einsystemzähler nach der Zweiwattmetermethode geschaltet und messen somit insgesamt den zwischen den drei Potentialen stattfindenden Verbrauch, wie er auch immer verteilt und geartet sei, richtig. Jedoch wird durch Anwendung des vorgeschilderten Kunstgriffs hinsichtlich der Eliminierung von Sicherungen die Abtrennung des gemeinsamen Potentials 1 von beiden Zählern möglich, und damit bekommt es jeder der beiden Abnehmer in die Hand, nach Herstellung der in der Abbildung angedeuteten Verbindungen seinen Zähler nach Willkür an der Messung der verbrauchten Energie teilnehmen zu lassen oder nicht.

Während bei den vorstehend erwähnten Schaltungsarten ein Betrug erst in Szene gesetzt werden konnte nach Durchschmelzung von Sicherungen, lassen die übrigen Schaltungsmöglichkeiten einen solchen auch ohne Anwendung dieses Hilfsmittels zu.

Fall 15. Die in Abb. 17 dargestellte Schaltung läßt ersehen, daß

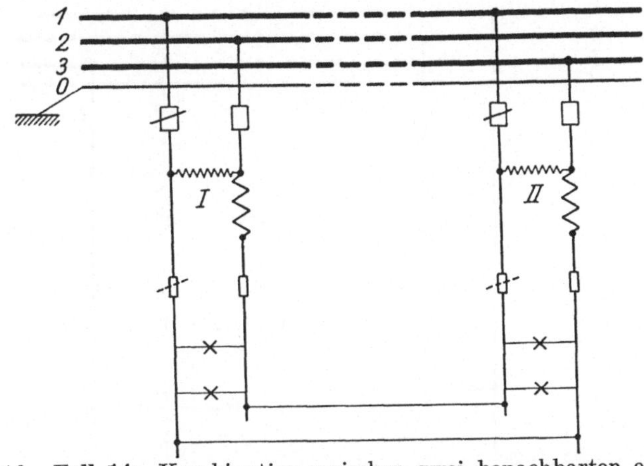

Abb. 16. **Fall 14:** Kombination zwischen zwei benachbarten einpoligen Zählern mittels Sicherungsdurchschmelzung bei Vorhandensein dreier Potentiale.

die über α und δ geführten Ströme auf keinen der beiden Zähler eine Wirkung ausüben können; bei der angeführten Schaltung der Installation ist ein Teil der Belastung unentgeltlich auf diese Weise und der andere Teil normal angeschlossen.

Beiläufig sei bemerkt, daß hier auch in ähnlicher Weise, wie früher ausgeführt, Rückwärtsstellen der Zähler mittels Transformator zwischen den Leitungen gleichen Potentials β und δ bzw. α und γ vorkommen kann, wie sich an Hand der Abbildung von selbst ergibt.

Fall 16. Wie aus Abb. 18 ersichtlich ist, unterscheidet sich dieser Fall nicht von dem vorherigen, was die direkte unentgeltliche Aneignung von Energie anbetrifft, außerdem aber sind die Zähler

dem Rückwärtsstellen mit induktiver bzw. kapazitiver Belastung
unterworfen, und zwar in höherem Maße als durch Kombination
mit der Phasenspannung gegen Erde, da jetzt bereits eine Verschiebung von über 30^0 im einen oder andern Sinne genügt, um
Rücklauf eintreten zu lassen, was sich durch die bereits im System
vorhandene Verschiebung der verketteten Spannungen E_{2-1} gegen
E_{2-3} bzw. E_{2-3} gegen E_{2-1} um je 60^0 erklärt.

Bei den sonst noch möglichen, von den vorbesprochenen ab-
weichenden Schaltungsarten liegen die Verhältnisse genau so un-

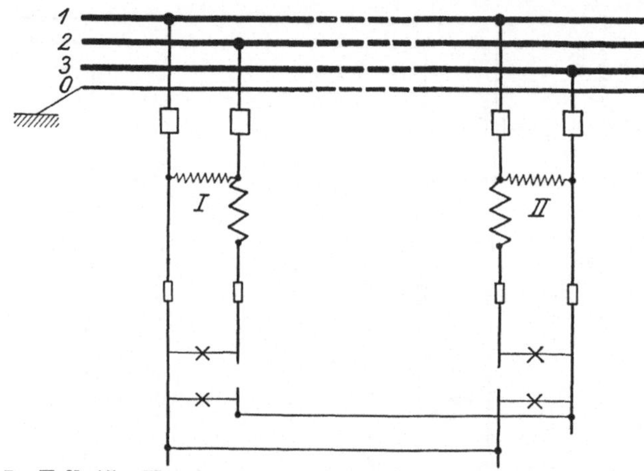

Abb. 17. **Fall 15:** Kombination zwischen zwei benachbarten einpoligen
Zählern ohne Sicherungsdurchschmelzung bei Vorhandensein dreier
Potentiale zwecks direkter nicht registrierter Energieentnahme.

günstig wie in den zwei letztgenannten Fällen, nur, was das Rückwärtsstellen anbetrifft, mit dem Unterschiede, daß solches bei dem
jeweiligen Zähler in der einen oder andern bezüglich dieser Fälle
erwähnten Art vollzogen werden kann.

Es sei an dieser Stelle schließlich noch zum Ausdruck gebracht,
daß mißbräuchliche Kombinationen zwischen zwei Abnehmern,
deren Anlagen sich nahe genug beieinander befinden, nicht so
selten vorkommen, wie auf den ersten Blick erscheinen mag.
In Montevideo z. B. sind mehrere solcher Fälle aufgedeckt
worden.

An Stelle eines benachbarten Zweileiteranschlusses kann übrigens auch sinngemäß ein Drehstromzähler in der eigenen Anlage

gegebenenfalls zu derartigen Mißbräuchen Gelegenheit bieten. Hierauf wird bei Besprechung des letztgenannten Zählers näher eingegangen werden.

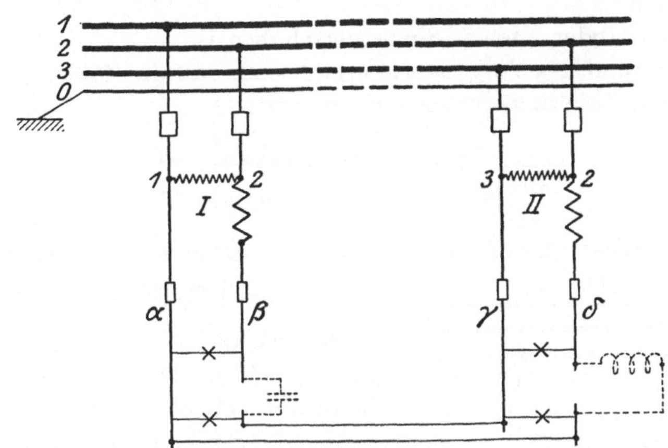

Abb. 18. **Fall 16:** Kombination zwischen zwei benachbarten einpoligen Zählern, bei welcher noch besonders elektrisches Rückstellen in Frage kommt.

4. Anschluß
an verkettete Spannung über zweipoligen Zähler.

a) Der Zähler an sich.

(Fall 17—19.)

Fall 17. Die Verwendung eines zweipoligen Zählers erscheint bei Anschluß an verkettete Spannung zunächst als bessere Lösung als die vorherige, weil keine der beiden Leitungen, bei Anschluß eines gewöhnlichen Ohmschen Verbrauchers gegen Erde, Gratisenergieentnahme ermöglicht (Abb. 19), sondern hierbei nur 25% zuwenig registriert werden würde, wie sich aus folgender Betrachtung ergibt:

Der Zähler an sich kommt nur zur Hälfte zur Wirkung, da jeweilig nur eine seiner zwei Stromspulen bei dem Meßvorgang mitwirkt; wäre hierbei die zur Benutzung kommende Spannung gleich und in Phase mit der normalen Verbrauchsspannung, an der die Spannungsspule liegt, so wäre damit der durch den Zähler registrierte Verbrauch auf die Hälfte des wirklich verbrauchten reduziert (vgl. Fall 5). Im vorliegenden Falle hingegen ist die benutzte Spannung nicht die verkettete E_l, sondern die Phasenspannung $E_p = \dfrac{1}{\sqrt{3}} E_l$, wobei zu beachten ist, daß E_p gegen E_l um 30^0 in dem einen oder andern Sinne verschoben ist.

Auf Grund des Vorgesagten ergibt sich, daß die Zählerangaben folgenden Leistungswerten entsprechen:

$$P' = \tfrac{1}{2}\ E_{1-2}\ J_{1-0}\ \cos(\varphi + 30)$$
$$P'' = \tfrac{1}{2}\ E_{2-1}\ J_{2-0}\ \cos(\varphi - 30).$$

Jeder dieser Ausdrücke führt für $\varphi = 0^0$ zum selben Resultat:

$$P' = P'' = \tfrac{1}{2}\ E_l\ J\ \cos 30 = \tfrac{3}{4}\ E_p\ J.$$

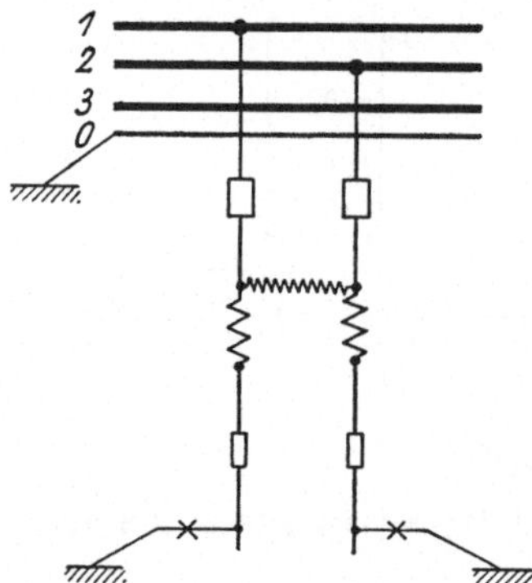

Abb. 19. **Fall 17:** Verschleierung von 25 % des wirklichen Energieverbrauchs Ohmscher Belastung, die außerdem nur an die Phasenspannung zu liegen kommt.

Die wirkliche Leistung P ist, gleich, welche der beiden normalen Leitungen mitbenutzt wird:

$$P = E_p\ J.$$

Daraus erhellt, daß der Zähler stets 75 % des wahren Verbrauchs Ohmscher Last messen würde, wenn der Abnehmer eine solche über die Erde an die Phasenspannung legen würde.

Der so verübte Betrug ist demnach nicht von sehr weittragender Bedeutung, insbesondere insofern für die — in solchem Falle als anormal anzusehende — Phasenspannung an sich die nutzlose Anwendung beschränkt ist bzw. die Beschaffung und die Kosten besonderer Verbraucher abschreckend wirken.

Fall 18. Anders liegt freilich der Fall hinsichtlich des Zurückstellens bzw. der Verlangsamung des positiven Gangs des Zählers bei gleichzeitigem normalen Anschluß von Stromverbrauchern der üblichen Spannung. Da bezüglich der einen Leistung die Phasenspannung der verketteten Spannung nach- und bezüglich der andern voreilt, so liegen bei diesem Zähler gleichzeitig die beiden früher erwähnten Möglichkeiten (Fall 9 und 10) vor, ihn sowohl durch induktive wie durch kapazitive Belastung in umgekehrtem

Sinne zu beeinflussen, je nachdem diese zwischen die eine oder die andere Leitung und Erde geschaltet wird (Abb. 20).

Der letztere Umstand läßt die Frage, ob der zweipolige Zähler hier wirklich der geeignetere ist, in weniger günstigem Lichte erscheinen, insbesondere wenn man bedenkt, daß die Phasenspannung an sich wegen ihres niedrigeren Wertes als die Normalspannung im allgemeinen weniger zu Mißbrauch anreizen dürfte.

Daß übrigens auch hier bei Verwendung des zweipoligen Zählers über die Phasenspannung gratis verfügt werden kann, wenn auch nicht so einfach, wie beim einpoligen Zähler und nur unter der Annahme, daß der Abnehmer auf die verkettete Spannung überhaupt verzichtet, zeigt die folgende Untersuchung betr. Abtrennung eines Leiters vom Zähler.

Fall 19. Wird in Abb. 21 eine der beiden Hausanschlußsicherungen, z. B. S_2, durch Kurzschluß gegen Erde absichtlich durch geschlagen[1]), so kann zwischen Leiter α und Erde unentgeltlich Strom entnommen werden. Bei der in der Abbildung angedeuteten Weise ist damit das Losschrauben der eigenen Installationssicherung in β ver-

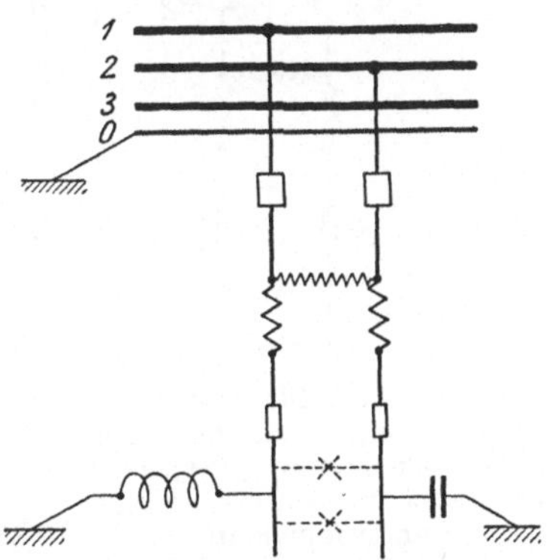

Abb. 20. **Fall 18:** Beeinflussung des Zählers in umgekehrtem Richtungssinne mittels induktiver oder kapazitiver Belastung.

bunden; bei Wiederfestschrauben dieser kommt der Spannungszweig des Zählers an die Phasenspannung zu liegen, so daß zeitweilig der letztere unter diesen Verhältnissen den wirklichen Verbrauch registrieren würde.

Es erscheint der Erwähnung wert, daß der vorliegende Zusammenhang, was seine nach außen in die Erscheinung tretenden Wirkungen anbetrifft, erkannt werden kann, ohne daß jemand

---

[1]) Dies läßt sich nicht verhindern, solange die hinter dem Zähler befindlichen, wenn auch ursprünglich noch so zweckmäßig bemessenen Sicherungen dem Abnehmer zugänglich sind (was sich bekanntermaßen allgemein nicht gut umgehen läßt) und er infolgedessen an Stelle der vorschriftsmäßigen Schmelzstöpsel einen andern Stromübergang in beliebiger Weise improvisieren kann.

gerade von vornherein sich mit Betrugsabsichten getragen hat.
Diese Möglichkeit ist dadurch gegeben, daß bei gelegentlich vorkommendem Kurzschluß einer der Installationsleitungen gegen
Erde die Belastung ganz von selbst von der verketteten Spannung
ab- und an die Phasenspannung angeschlossen wird, wodurch ohne
weiteres die Aufmerksamkeit auf unverkennbar geringeren Effekt
des betreffenden Stromverbrauchers
gelenkt wird. Daß, hierdurch neugierig geworden, der Abnehmer sich
den Zähler ansieht und schließlich
das einzige, was ihm naheliegt und
zusteht, tut, d. h. seine eigene in der
betreffenden Leitung liegende Sicherung — die übrigens in diesem Falle
allerdings dem Durchschmelzen der
dazugehörigen Anschlußsicherung
nicht zweckmäßig vorgebeugt hat[1]) —
auswechselt, setzt nicht einmal irgendwelche Sachkenntnis voraus, genügt
aber völlig, um bei Neigung zu Mißbrauch ein einfaches Mittel dazu an
die Hand zu geben. Ist gar ein nicht
oder wenig belasteter Kleinmotor die

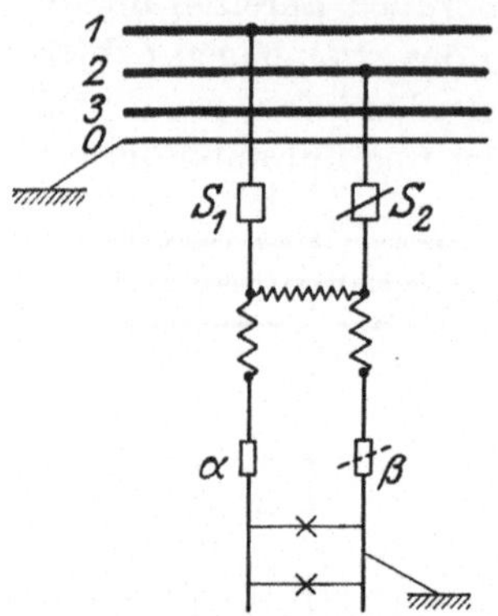

Abb. 21. **Fall 19:** Unentgeltliche Energieentnahme über
die Phasenspannung gespeister
Verbraucher nach Sicherungsdurchschmelzung.

einzige Belastung in dem gegebenen Moment, so kann es der
Zufall selbst mit sich bringen, daß der Abnehmer, nachdem er
seine Sicherung erneuert hat, sich plötzlich der für ihn recht
erstaunlichen Tatsache gegenüber sieht, daß nun auf einmal der
Zähler rückwärts geht.

b) Kombination zwischen zwei benachbarten Zählern.
(Fall 20—23.)

Was die Kombinationsmöglichkeiten zwischen zwei benachbarten Anlagen anbetrifft, so sei in nachstehendem dargetan, daß
auch die Verwendung zweipoliger Zähler nicht als wirksames
Mittel dagegen anzusehen ist.

Fall 20. Bei Verbindung zweier Anlagen mit Hilfe eines einzigen
Leiters (Abb. 22), in analoger Weise wie unter Fall 13 beschrieben,

---

[1]) Vgl. hierzu die Fußnote auf S. 7.

würde der Zähler II allerdings die Hälfte des vom Zähler I nicht gemessenen Energieverbrauchs registrieren, da der fragliche Strom durch die eine Spule jenes sich in normalem Zustande befindlichen Zählers geleitet wird.

Fall 21. Bei Verwendung zweier Verbindungsleitungen können sich dagegen beide Abnehmer nach Belieben in betrügerischer Weise Energie bei normaler, verketteter Spannung aneignen. Durch Kurzschluß zwischen zwei beliebigen Leitern verschiedenen Potentials, von denen je einer der Anlage I bzw. II (Abb. 23) an-

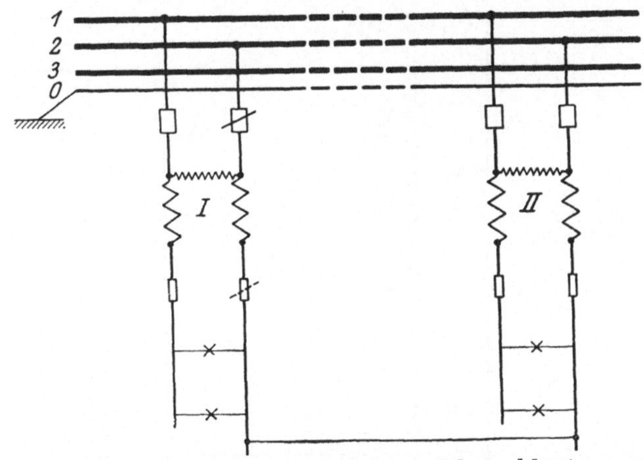

Abb. 22. **Fall 20:** Kombination zwischen zwei benachbarten zweipoligen Zählern mittels Sicherungsdurchschmelzung, sodaß nur 50% des wirklichen Energieverbrauchs gemessen werden.

gehört, können beide Zähler bezüglich eines unter sich verschiedenen Potentials vom Netz abgeschaltet werden. Bei der in der Abbildung angenommenen derartigen Abschaltung lassen sich infolge Eliminierung der Anschlußsicherungen S_2' und S_1'' die Zähler durch Losschrauben der Installationssicherungen in β und γ beliebig gleichzeitig oder getrennt außer Wirkung setzen, während über die zwischen den Leitungen β und γ hergestellten Verbindungen die beiden Anlagen zwischen α und δ gespeist werden.

Ebenso wie für einpolige, so sind auch für benachbarte zweipolige Zähler bei andern als den äquivalenten Schaltungsarten eher mehr als weniger Betrugsmöglichkeiten vorhanden, wie zur Genüge aus den folgenden zwei Beispielen hervorgeht.

Fall 22. Bei Herstellung einer einzigen Verbindungsleitung zwischen beiden Anlagen (Abb. 24) sind im Vergleich zu Fall 13 die Verhältnisse hier zunächst insofern andere, als der Zähler I bei Ohmscher Last nur 25 % anstatt 50 % der wirklich verbrauchten Energie registrieren würde, weil außer dem Wirkungslosbleiben der einen Stromspule ferner noch die Phasenverschiebung von 60⁰ zwischen der Spannung E_{1-3} des Spannungszweigs dieses Zählers und der Verbrauchsspannung E_{1-2} des über die Verbindungslinie gehenden Stromes hinzuträte. Außerdem aber würde

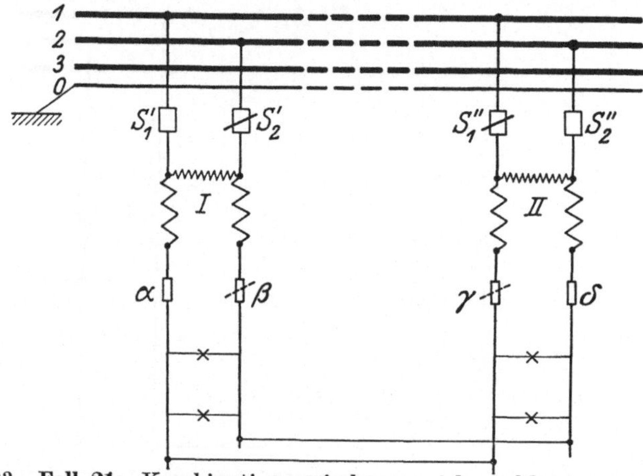

Abb. 23. **Fall 21:** Kombination zwischen zwei benachbarten zweipoligen Zählern mittels Sicherungsdurchschmelzung, wodurch beide Abnehmer beliebig ihren Energieverbrauch verschleiern können.

infolge dieser Phasenverschiebung der Zähler II durch entsprechend Belastung ($\varphi > 30^0$) in umgekehrtem Sinne beeinflußt werden können.

Fall 23. Bei Verwendung zweier Verbindungsleitungen (Abb. 25) tritt nach Durchschmelzung der Sicherungen $S_2{}'$ und $S_3{}''$ völlige Übereinstimmung mit Fall 21 zutage, so daß das dort Gesagte auch hier ohne weiteres zutrifft.

Wie man aus vorstehendem ersieht, ist weder die Verwendung des einpoligen noch des zweipoligen Zählers bei den gegebenen Netz- und Anschlußverhältnissen als eine sehr zuverlässige Lösung anzusehen. Ist man auf die eine oder andere Lösung angewiesen, so wird man bei der ersteren guttun, den Anschluß, wie unter

Fall 10 erwähnt, stets so auszuführen, daß nur kapazitive Belastung den Zähler in umgekehrter Richtung beeinflussen kann.

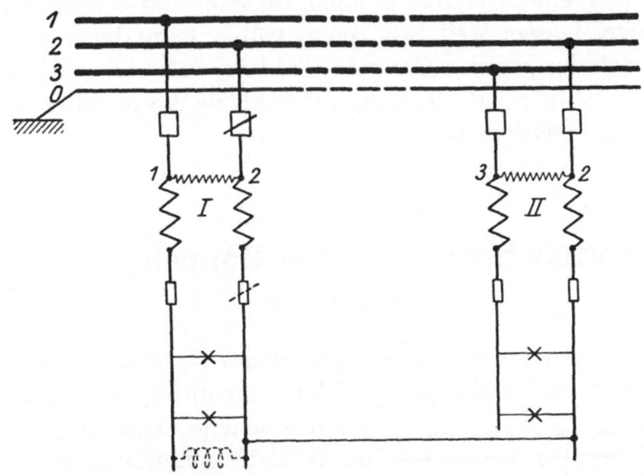

Abb. 24. **Fall 22:** Kombination zwischen zwei benachbarten zweipoligen
Zählern mittels Sicherungsdurchschmelzung bei Vorhandensein dreier
Potentiale unter Verwendung einer Verbindungsleitung.

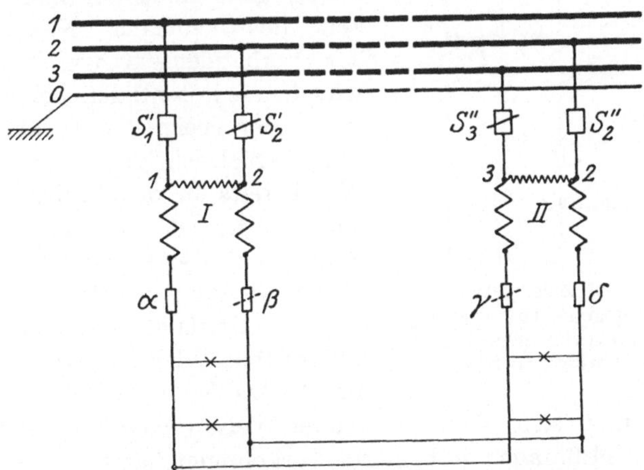

Abb. 25. **Fall 23:** Kombination zwischen zwei benachbarten zweipoligen
Zählern mittels Sicherungsdurchschmelzung bei Vorhandensein dreier
Potentiale unter Verwendung zweier Verbindungsleitungen.

Bei der zweipoligen Ausführung läßt sich diese Maßnahme nicht
treffen, wie unter Fall 18 veranschaulicht wurde.

Das Vorhandensein einer mechanischen Sperrvorrichtung im Zähler zur Verhinderung des Rückstellens wird solche Betrügereien etwas einschränken können, jedoch dieses Übel nicht an der Wurzel fassen, weil, wie schon früher bemerkt wurde, dann immer noch der positive Gang des Zählers, während normaler Verbrauch stattfindet, gleichzeitig auf analoge Weise gehemmt bzw. verlangsamt werden kann.

5. Anschluß
an verkettete Spannung über Doppelsystemzähler.
(Fall 24.)

Wenn in den beiden vorhergehenden Abschnitten sowohl der eine wie der andere Einsystemzähler nicht unter allen Umständen als ausreichend erschien, so lag dies im Grunde genommen daran, daß nicht nur eine Potentialdifferenz bzw. zwei Potentiale, sondern daß streng genommen bei Zugänglichkeit des neutralen Netzpunktes das Vorhandensein von drei verschiedenen Potentialen bei Bestimmung der geeignetsten Zählertype hätte berücksichtigt werden müssen. Wie bereits in der Einleitung gesagt wurde, ist allgemein die erforderliche Systemzahl um eins kleiner als die Anzahl der vorhandenen Potentiale, so daß hier der Zweisystemzähler von Rechts wegen am Platze wäre, zum wenigsten

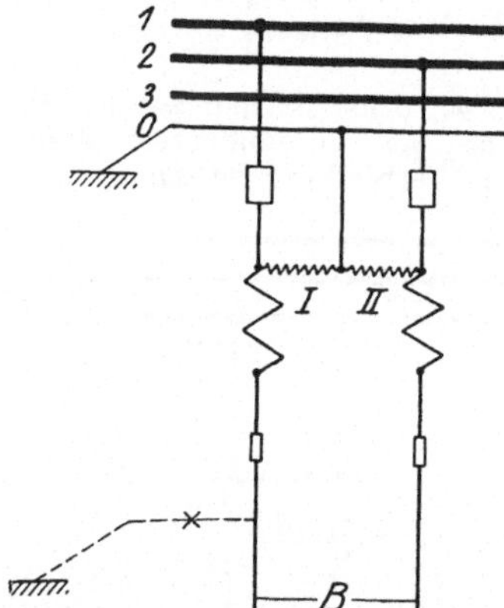

Abb. 26. Der Zweisystemzähler als Schutz gegen Verschleierungen des Energieverbrauchs bei Anschluß an verkettete Spannung.

solange man sich nicht in anderer Weise Sicherheit verschafft, daß kein Mißbrauch unbemerkt vorkommen kann.

Der in Abb. 26 dargestellte sogenannte Doppelsystemzähler besteht im Prinzip aus zwei Einphasenzählern, deren Angaben zusammengenommen den wirklichen Verbrauch zwischen der verketteten Spannung bei gleichwelchem Phasenwinkel φ der Belastung B ergeben, wie aus nachstehendem ersichtlich ist.

Da die entsprechende Totalleistung durch die Formel gegeben ist:

$$P = E_{1-3}\, J_{1-3} \cos \varphi = EJ \cos \varphi,$$

so bleibt nur nachzuweisen, daß die arithmetische Summe $P_I + P_{II}$ der auf die beiden Systeme I und II entfallenden Einzelleistungen gleich dem rechten Ausdruck dieser Formel ist. Es ergibt sich nun unter Zugrundelegung des bereits früher benutzten Vektordiagramme (Abb. 10):

$$P_I = E_{1-0}\, J_{1-3} \cos (\varphi + 30)^1)$$
$$P_{II} = E_{3-0}\, J_{3-0} \cos (\varphi - 30)^1).$$

Mithin:

$$P_I + P_{II} = \frac{EJ}{\sqrt{3}} [\cos (\varphi + 30) + \cos (\varphi - 30)] = EJ \cos \varphi.$$

also auch:

$$P = P_I + P_{II}$$

Wenn nun einerseits der Doppelsystemzähler richtig den Verbrauch zwischen der verketteten Spannung registriert, so ist er anderseits auch in der Lage, jede Energieentnahme durch gegen Erde geschaltete bzw. an der Phasenspannung liegende Verbraucher richtig zu messen, da dann jedes einzelne an der entsprechenden Phasenspannung angeschlossene System als Einphasenzähler wirkt. Ein Betrug ist hier weder durch Durchschmelzen einer Zähleranschlußsicherung noch durch Kombination mit benachbarten, äquivalent oder nichtäquivalent geschalteten Zählern gleicher

---

[1]) Es sei an dieser Stelle allgemein darauf hingewiesen, daß der in den zur Anwendung kommenden Formeln eingesetzte Phasenverschiebungswinkel φ, der Einfachheit halber positiv angenommen, auf induktive Last bezogen ist und somit dadurch die Stromstärke Verzögerung erfährt. Es verdient dies insofern Beachtung, als durch das gleichzeitige In-Wirkung-treten der im Drehstromsystem vorhandenen und der von der Belastung herrührenden Verschiebung beide Verschiebungen sich entweder addieren, wenn sie gleichsinnig sind, oder aber hingegen ihre Differenz in Frage kommt, wenn sie einander entgegenwirken. Zum Beispiel in der obigen Formel für P_I ist J_{1-3} bereits um 30^0 gegenüber E_{1-0} verzögert, weil ihre Spannung E_{1-3} gegenüber E_{1-0} laut Vektordiagramm (Abb. 10) um diesen Winkel verzögert ist, ferner wird diese Verschiebung noch um die durch die induktive Last gegebene und mit φ bezeichnete vergrößert. — Will man übrigens an Stelle des Verzögerungswinkels den für kapazitive Last in Frage kommenden Voreilungswinkel einführen, so braucht man nur an Stelle von φ den entsprechenden Wert mit negativem Vorzeichen einzusetzen.

Type zu bewerkstelligen. Lediglich mechanische Eingriffe in die Zuleitungen zum Zähler sind hier wie stets zu verhüten, sonst würde zunächst das in Fall 4 angeführte Rückwärtsstellen des Zählers möglich werden. Sodann könnte auch der letztere durch Abtrennung des Nulleitungsnetzanschlusses zum zweipoligen Einsystemzähler degradiert werden, wodurch wieder die betreffs dieses Zählers früher genannten Möglichkeiten vorhanden wären. Bezüglich der normalen Energieentnahme hätte das Abtrennen der Nulleitung auf den Zähler keinen Einfluß, da dadurch die beiden Spannungsspulen hintereinandergeschaltet wären und der Zähler somit wie zwei an der halben Spannung liegende Einsystemzähler den gesamten Energieverbrauch registrieren würde. Dieser Umstand ist insofern ungünstig, als die Nachkontrolle der Zählerangaben keinerlei auf den anormalen Anschluß des Zählers hindeutende Resultate ergeben würde. Dagegen ergäbe die genaue Messung der Spannung zwischen den einzelnen Zählerklemmen einen diesbezüglichen Hinweis, da die Spannungszweige anstatt an der Phasenspannung an der halben verketteten Spannung liegen würden.

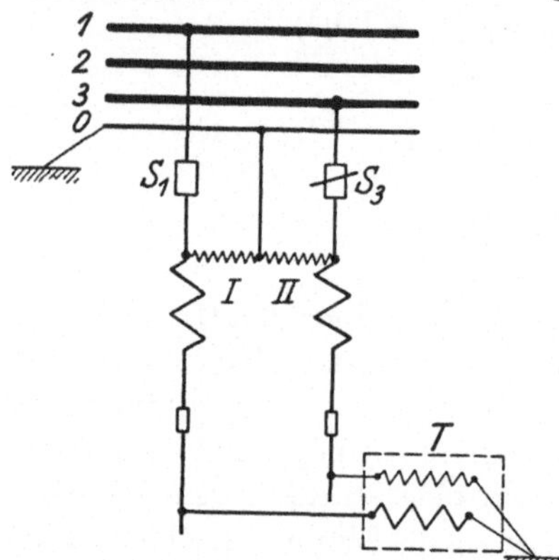

Abb. 27. **Fall 24:** Alterierung der Meßfunktionen des Zweisystemzählers durch elektrische Beschädigung einer der beiden Spannungsspulen.

Fall 24. Einem Eingriff elektrischer Art, der, ohne die Anschlußleitungen des Zählers zu berühren, verübt werden kann, ist allerdings gerade dieser Zähler, weil er zwei Systeme besitzt, ausgesetzt, doch dürfte einmal ein derartiger betrügerischer Kunstgriff infolge seiner Eigenart zu den größten Seltenheiten gehören, und außerdem ließe sich seine Ausnutzung vereiteln, wenn nach Erneuerung durchgegangener Zähleranschlußsicherungen von seiten des Werks stets die nötige Sorgfalt auf die Nachprüfung des betreffenden Zählers selbst gelegt würde. Zur Kennzeichnung des vorliegenden Falls diene Abb. 27. Durch Kurzschluß gegen Erde ist zunächst eine der Sicherungen, in diesem Falle S_3, durchgeschlagen worden. Dadurch ist die Phasenleitung 3 vom Netz abgeschaltet und der Konsument in der Lage, auf die Spannungsspule des Systems II eine mit Hilfe eines primär zwischen die Phasenleitung 1 und Erde geschalteten Transformators erzeugte hohe Sekundärspannung wirken zu lassen, da durch Erdung der Sekundärkreis über die mit dem Zähler in Verbindung stehende, ebenfalls geerdete neutrale Netzleitung geschlossen wird.

Ist im Extremfalle die derart hervorgerufene Beschädigung der Spannungsspule eine derartige, daß das Meßsystem II als solches ausscheidet, so wird der Abnehmer, nachdem die Sicherung S_3 erneuert worden, wieder über die verkettete Spannung verfügen, dagegen der Zähler nur noch entsprechend der bereits früher erwähnten, auf das System I bezogenen Formel funktionieren, d.h.:

$$P_I = \frac{EJ}{\sqrt{3}} \cos{(\varphi + 30)}$$

danach ergibt sich der prozentuale Fehler e des Zählers:

$$e = 100 \left(\frac{P_I}{P} - 1\right) = -100 \left(0{,}5 + 0{,}5 \frac{\operatorname{tg}\varphi}{\sqrt{3}}\right).$$

Bei Ohmscher Belastung, die für die Zweileiteranlagen vorwiegend in Frage kommt, wird der Zähler also 50 % zuwenig registrieren, während er für induktive Last je nach der Größe des Phasenwinkels noch erheblich weniger mißt; überschreitet der letztere den Wert von 60^0, so geht der Zähler rückwärts, denn der negative Fehler überschreitet 100 %, wie aus obiger Formel hervorgeht. Sonach ist also der Zähler nunmehr auch der Gefahr, im umgekehrten Richtungssinne beeinflußt zu werden, ausgesetzt.

Wenn an Stelle des Meßsystems II das System I wirkungslos gemacht worden wäre, bliebe, da

$$P_{II} = \frac{EJ}{\sqrt{3}} \cos{(\varphi - 30)}$$

der Fehler für Ohmsche Last derselbe; dagegen wäre er jetzt — wie aus analoger Betrachtung erhellt — bei induktiver Last geringer, um bei $\varphi > 60^0$ vom negativen in den positiven Bereich überzugehen, so daß dann der Zähler zuviel messen würde. Ein Rückstellen des Zählers würde hier nur mittels kapazitiver Belastung möglich sein.

Der Nachweis, daß die Spannungsspule absichtlich beschädigt worden ist und nicht etwa ein ihr anhaftender Defekt sich weiter ausgebildet hat, ist im allgemeinen bei späterer Erkennung der Beschädigung nicht so leicht einwandfrei zu erbringen.

Ein ausführlicheres Eingehen auf diesen Fall mag sich erübrigen. Es sollte nur an Hand desselben gezeigt werden, daß es sich auch aus diesem Grunde empfiehlt, nach dem Neueinsetzen von Sicherungen den Zähler selbst einer Kontrolle zu unterziehen, damit nicht, sei es auch nur in den seltensten Fällen, trotz der erstklassigen Qualitäten des Doppelsystemzählers eine betrügerische Manipulation unvereitelt bliebe. Die hierauf gerichtete Sorgfalt ist um so mehr am Platze, als der teure Doppelsystemzähler für die vorliegenden Verhältnisse lediglich dann Verwendung finden wird, wenn der zuverlässigste Schutz gegen unredliches Vorgehen geboten erscheint. Davon abgesehen, würde auch für verkettete Spannung bei Zweileiteranschlüssen der wohlfeilere Einsystemzähler ebensogut wie der Doppelsystemzähler seinen Zweck erfüllen.

B. Speisung von Drehstromanlagen.
6. Drehstromanschluß über Einsystemzähler.
(Fall 25—30.)

Wenngleich die Verwendung von Zählern mit nur einem messenden System zur Registrierung der verbrauchten Energie in Drehstromanlagen prinzipiell durchaus verwerflich ist und hierüber alle Fachstimmen nur der gleichen Meinung sein können, so läßt sich doch die Existenz solcher Zähler nicht einfach übergehen, zumal sie noch lange nicht endgültig vom Markte verdrängt sind.

Zunächst sei vorausgeschickt, daß die Annahme gleicher symmetrischer Belastung aller drei Zweige, auf die sich die Konstruktion der genannten Zählertype gründet, meist nicht annähernd in der Praxis erfüllt wird. Z. B. bei Motoren guten Fabrikats werden nicht selten Abweichungen von 10 % und mehr in der Belastung der einzelnen Zweige beobachtet, so daß in solchem Falle die mögliche Benachteiligung des Werks oder auch des Abnehmers schon beachtenswert sein kann.

Im besondern erleiden die dieser Gattung angehörigen Zähler in ihren Meßfunktionen mehr oder weniger schwerwiegende Beeinträchtigungen, sobald z. B. eine Sicherung durchschmilzt oder sonstwie die eine oder andere Leitung von der Belastung abgetrennt wird.

Im nachstehenden sollen nur zwei der verschiedenen vorkommenden Ausführungsarten solcher Zähler herausgegriffen werden, da die daran anknüpfenden Betrachtungen sich im wesentlichen auch auf sonstige Konstruktionen dieser Art anwenden lassen.

Bei der Messung des Energieverbrauchs kann man sich in erster Linie, unter der Voraussetzung, daß die oben erwähnte Annahme sich tatsächlich erfüllt, auf eine Phase beschränken, auf die offenbar unter diesen Verhältnissen der dritte Teil der Gesamtenergie entfällt. Die hierzu erforderliche Phasenspannung steht bei herausgeführtem neutralen Leiter ohne weiteres zur Verfügung (Abb. 28), sodann kann auch der Nullpunkt eines Motors oder, besser noch, der künstlich mittels Sternschaltung von beim Zähler untergebrachten Spulen erzeugte Nullpunkt zum gleichen Zweck benutzt werden.

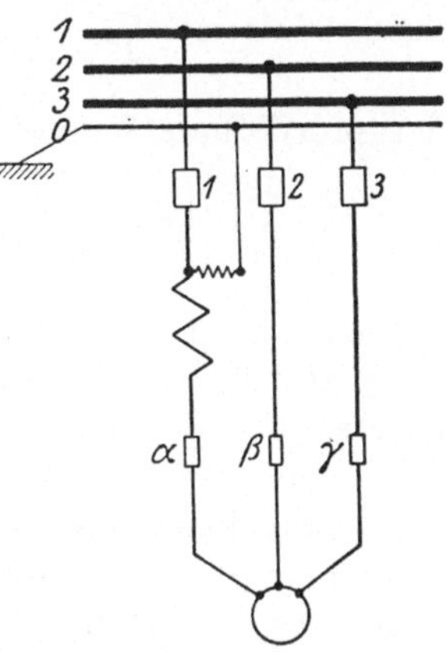

Abb. 28. **Fall 25—27:** Drehstromzähler mit nur einem messenden System, zur Messung des Verbrauchs in einer Phase.

Die Zählerangaben entsprechen demnach unter den gegebenen Bedingungen der Leistung:

$$P = 3\,E_{1-0}\,J_{1-0}\,\cos\varphi.$$

Bei Unterbrechung in einer der Zuleitungen alteriert sich dagegen der Meßvorgang völlig, wobei drei Unterscheidungen zu treffen sind:

Fall 25. Sicherung α eliminiert:

Wie ohne weiteres ersichtlich, bleibt der Zähler stehen, da die Stromspule des Zählers keinen Strom mehr führt, wohingegen die Belastung lediglich von der verketteten Spannung E_{2-3} gespeist wird. Der in Betrieb befindliche Motor wird bekanntlich hierbei, wenn auch unter anormalen Verhältnissen, weiterlaufen und somit gratis aus dem Netze nutzbare Energie entnehmen.

Fall 26. Sicherung β eliminiert:

Die wirkliche Leistung ist hier:

$$P_{1-3} = E J \cos \varphi,$$

während den Zählerangaben infolge des Nacheilens von E_{1-3} gegenüber E_{1-0} um 30^0 der folgende Wert zugrunde liegt:

$$P' = 3 E_{1-0} J_{1-3} \cos (\varphi + 30);$$

der prozentuale Fehler e ergibt sich demnach aus der Formel:

$$e = 100 \left(\frac{P'}{P_{1-3}} - 1 \right) = 100 \, (0{,}5 - 0{,}5 \sqrt{3} \, \mathrm{tg}\,\varphi).$$

Daraus folgt, daß der Zähler bei Ohmscher Belastung theoretisch 50 % zuviel, bei $\varphi = 30^0$ richtig und von nun ab zu wenig registriert. Bei $\varphi = 60^0$ bleibt er stehen und bei $\varphi > 60^0$ läuft er rückwärts. Wie man hieraus sieht, wird bei gut belastetem Motor der Fehler kaum ins Auge zu fallen brauchen, denn der Phasenwinkel kann hierbei sehr wohl nur wenig von 30^0 in der einen oder andern Richtung abweichen. Dagegen wird bereits bei mittlerer Belastung die Schädigung des Werks recht erheblich sein können, und schließlich steht bei kleiner Belastung oder aber bei vielleicht gar absichtlich zugelassenem Leerlauf des Motors zu befürchten, daß der Zähler rückwärts geht.

Fall 27. 3. Sicherung γ eliminiert:

$$P_{1-2} = E J \cos \varphi$$
$$P' = 3 E_{1-0} J_{1-2} \cos (\varphi - 30)$$
$$e = 100 \left(\frac{P'}{P_{1-2}} - 1 \right) = 100 \, (0{,}5 + 0{,}5 \sqrt{3} \, \mathrm{tg}\,\varphi);$$

für Ohmsche Last wäre somit der Fehler ($+ 50 \%$) der gleiche wie vor, dagegen bei $\varphi = 30^0$ registriert der Zähler bereits 100 % und bei $\varphi = 60^0$ 200 % zuviel. Hier würde also stets der Abnehmer der leidende Teil sein, wenn er es übersähe, daß die betreffende Zuleitung unterbrochen ist.

Eine andere Möglichkeit, mit einem messenden System auszukommen, deutet Abb. 29 an. Bei der Konstruktion dieses Zählers wird die bereits vorhandene natürliche Phasenverschiebung von 30^0 zwischen verketteter und entsprechender Phasenspannung mitbenutzt, um die bei Induktionszählern erforderliche Verzögerung des die Spannungsspule durchfließenden Stromes gegenüber seiner Spannung herzustellen, so daß man sich, mit andern Worten, im Zähler selbst mit einer um 30^0 geringeren Verzögerung als bei der normalen Induktionsspule begnügt. Dadurch wird der gemäß Abb. 29 angeschlossene Zähler nicht entsprechend $E_{1-3}\,J_{1-0}\cos(\varphi - 30)$, sondern vielmehr proportional zu $E_{1-3}\,J_{1-0}\cos\varphi$ messen.

Da nun anderseits bei völlig symmetrischer Belastung die Gesamtleistung gegeben ist durch:

$$P = \sqrt{3}\,EJ\cos\varphi,$$

so kann unter Berücksichtigung des Faktors $\sqrt{3}$ auf Grund dieser Verhältnisse die entsprechende Energie registriert werden.

Selbstverständlich ist der Zähler stets genau nach Vorschrift anzuschließen; würde nämlich der Spannungszweig an Leitung 2 anstatt an 3 gelegt, so hätte dies zur Folge, daß die Energiemessung proportional zu $E_{1-2}\,J_{1-0}\cos(\varphi - 60)$ vor sich gehen würde, weil E_{1-2} der Spannung E_{1-3}, die der Konstruktion des Zählers zugrunde liegt, um 60^0 voreilt. Die Regel, den Zähler so anzuschließen, wie er am schnellsten läuft, ist nur dann richtig, wenn $\cos\varphi > \cos(\varphi - 60)$, d. h. der Phasenwinkel φ der Belastung kleiner ist als 30^0.

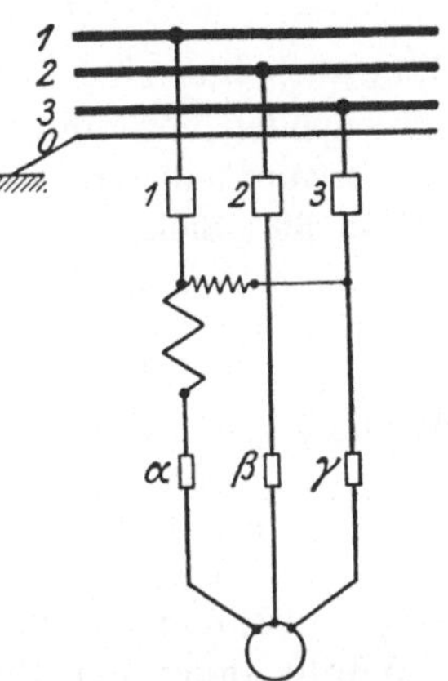

Abb. 29. **Fall 28—30:** Drehstromzähler mit nur e i n e m messenden System, bei dem die Spannungsspule an die verkettete Spannung angeschlossen ist.

Zwecks Untersuchung der sich bei der vorliegenden Zählerausführung ergebenden Alterierungen bei Unterbrechungen in den Zuleitungen sind die drei gleichen Unterscheidungen wie vor zu machen:

Fall 28. 1. Sicherung α eliminiert:

Der Zähler bleibt wie im Fall 25 stehen und es trifft auch im übrigen das dort Gesagte hier zu.

Fall 29. 2. Sicherung β eliminiert:

Die wirkliche Leistung ist jetzt:

$$P_{1-3} = E J \cos \varphi;$$

die den Zählerangaben zugrunde liegende hingegen:

$$P' = \sqrt{3}\, E_{1-3}\, J_{1-3} \cos (\varphi + 30),$$

da J_{1-3} gegenüber der im normalen Fall geltenden Stromstärke J_{1-0} um 30^0 verzögert ist. Der prozentuale Fehler e ist hiernach:

$$e = 100 \left(\frac{P'}{P_{1-3}} - 1 \right) = 100\, (0{,}5 - 0{,}5 \sqrt{3}\ \mathrm{tg}\,\varphi),$$

d. h. auch hier sind die Verhältnisse die gleichen wie in dem entsprechenden vorhergehenden Fall 26, es erübrigt daher, noch einmal darauf einzugehen.

Fall 30. Sicherung γ eliminiert:

$$P_{1-2} = E J \cos \varphi$$
$$P' = \sqrt{3}\, E_{1-3}\, J_{1-2} \cos (\varphi - 30),$$

da J_{1-2} gegenüber J_{1-0} um 30^0 voreilt.

$$e = 100 \left(\frac{P'}{P_{1-2}} - 1 \right) = 100\, (0{,}5 + 0{,}5 \sqrt{3}\ \mathrm{tg}\,\varphi);$$

es gilt also hier das unter Fall 27 Gesagte.

Würde außer der Sicherung γ auch die Sicherung 3 durchschmelzen, so bliebe infolge der Stromloswerdung der Spannungsspule der Zähler natürlich stehen, bei weiterer Speisung der Belastung zwischen 1 und 2.

Das Gesagte mag genügen, um daran zu erinnern, daß es dem sonstigen hohen Stand der heutigen Zählertechnik nicht entspricht, Zähler zu verwenden, deren etwaige Genauigkeit durch unvollkommene Symmetrie in der Belastung illusorisch wird und deren Zuverlässigkeit jeden Moment durch das Durchschmelzen einer Sicherung völlig aufgehoben werden kann.

7. Drehstromanschluß über Doppelsystemzähler.

a) Der Zähler an sich.

(Fall 31—38.)

Bekanntlich ergibt sich allgemein die Gesamtleistung P als arithmetische Summe der beiden durch die mechanisch gekuppelten

Systeme I und II (Abb. 30) geführten Einzelleistungen P_I und P_{II}, das heißt:

$$P = P_I + P_{II},$$

wobei eine der Teilleistungen auch negativen Wert haben kann. Prinzipiell registriert daher der hierdurch gegebene Doppelsystemzähler in normalem Zustande die verbrauchte Energie stets richtig, wie unsymmetrisch auch die Last über die einzelnen Zweige verteilt sei, und unbeschadet dessen, ob sie von allen dreien oder nur von zwei Hauptleitungen gespeist werde, immer vorausgesetzt natürlich, daß wirklich die Hauptleitungen die einzigen sind, die den Transport der elektrischen Energie vermitteln.

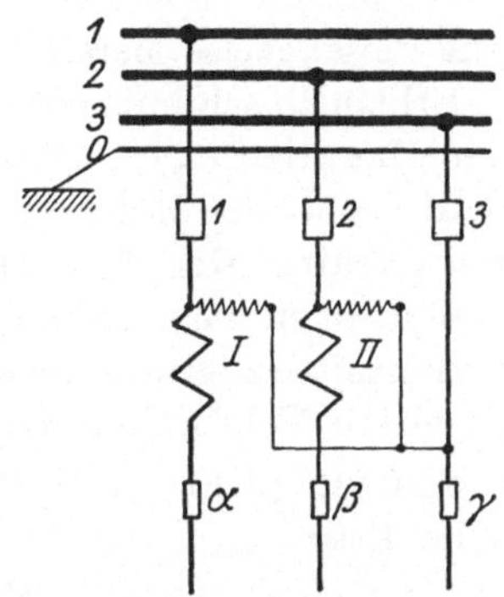

Abb. 30. Drehstromzähler mit zwei messenden Systemen in Aronscher Schaltung.

Daß von seiten des Werks diese Voraussetzung nicht beobachtet werde, braucht nicht in Betracht gezogen zu werden[1]), dagegen ist es nicht ausgeschlossen, daß von seiten des Abnehmers ohne Wissen des ersteren ein weiterer Stromweg zu Hilfe gezogen wird, indem er den Symmetriepunkt seines Motors mit dem Nullpunkt des Netzes durch Erdung (Abb. 31) oder, was praktisch auf dasselbe hinauskommt, gegebenenfalls auch über den Nulleiter eines vorhandenen Lichtzählers verbindet. Selbst wenn der Abnehmer es hierbei bewenden ließe, würde nur, falls zufällig volle Symmetrie der Belastung vorhanden wäre, diese Änderung auf den Doppelsystemzähler keinen Einfluß ausüben, weil dann der improvisierte Nulleiter ohnehin keinen Strom führt und somit gegenstandslos ist. Da aber, wie früher

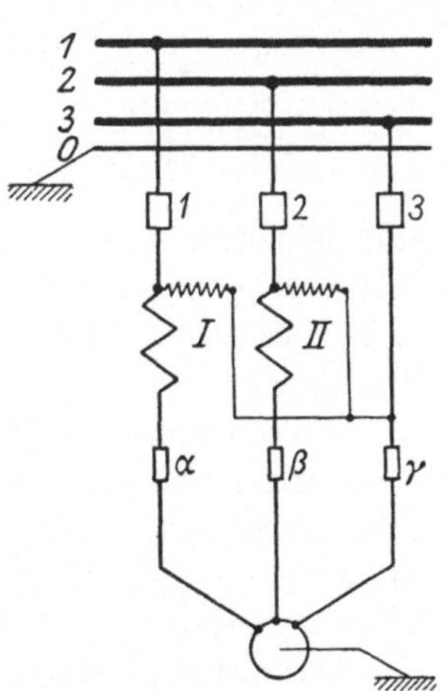

Abb. 31. **Fall 31—34:** Erdung des Symmetriepunktes des Motors.

---

[1]) Handelt es sich um ordnungsgemäß installierte Drehstromanlagen mit neutralem Leiter, so sind bekanntlich eo ipso anstatt der Zweisystemzähler Dreisystemzähler am Platze, von denen später die Rede sein wird.

ausgeführt, eine solche gleichmäßige Belastung im allgemeinen bei Motoren nicht vorliegt, so kann das Werk gegebenenfalls auf diese Weise bereits Schaden erleiden.

Erheblich schlimmer gestaltet sich der Fall, wenn außerdem eine der Hauptleitungen abgeschaltet bzw. irgendwie unterbrochen[1]) wird, wobei der Motor, wenn auch unter anormalen Verhältnissen, weiterläuft. Der Einfachheit halber sollen den nachfolgenden analytischen Betrachtungen symmetrische Netz- und Belastungsverhältnisse zugrunde gelegt werden. Ferner ist das früher (Abb.10) gegebene Vektordiagramm auch hier bestimmend.

Fall 31. Sicherung α eliminiert. Es ergibt sich dann als wirkliche Leistung:

$$P = 2\,\frac{E}{\sqrt{3}}\,J\cos\varphi.$$

Das Zählersystem I bleibt infolge der Unterbrechung in α wirkungslos, während die den Zählerangaben zugrunde liegende anscheinende Leistung P_{II}' sich wie folgt bestimmt:

$$P_{II}' = E_{2-3}\,J_{2-0}\cos(\varphi + 30) = EJ\cos(\varphi + 30),$$

daraus folgt der prozentuale Fehler:

$$e = 100\left(\frac{P_{II}'}{P} - 1\right) = -100\,(0{,}25 + 0{,}25\sqrt{3}\,\mathrm{tg}\,\varphi);$$

somit ist für $\varphi = 0^0$, $e = -25$, d. h. der Zähler zeigt 25 % zuwenig; für $\varphi = 60^0$ ist $e = -100$, also bleibt er stehen, und für $\varphi > 60^0$ ist $e < -100$, der Zähler läuft somit rückwärts.

Bei gleichwelchen positiven Werten des Phasenwinkels φ (also allen Werten von rein Ohmscher Last bis zu rein induktiver Last einbegriffen) ist somit das Werk stets der benachteiligte Teil.

Besonders bedenklich ist hierbei der Umstand, daß der Zähler bereits bei cos $\varphi < 0{,}5$ rückwärts läuft, mithin seine Angaben willkürlich von dem Abnehmer modifiziert werden können. Es sind Fälle bekannt geworden, in denen tagsüber in völlig normaler Weise gearbeitet wurde und lediglich zur Nachtzeit, wo weder eine Inspektion zu erwarten war noch das Personal in den Betrug eingeweiht zu werden brauchte, der Zähler zum Rückwärtslauf ge-

---

[1]) Was besonders leicht mittelst der für mittlere Stromstärken im allgemeinen verwendeten Stöpselsicherungen zu geschehen pflegt.

bracht wurde, ohne daß sich der Abnehmer eines direkten Eingriffs in den Zähler schuldig machte, noch überhaupt selbst in seiner eigenen Anlage Spuren von seinen Manipulationen hinterblieben waren.

Um wenigstens solches Rückwärtsstellen zu verhindern, erscheint wieder zunächst die Verwendung von Zählern mit entsprechender Hemmvorrichtung als die gegebene Lösung, doch würde hiermit nur eine der Sonderarten der Verschleierung des wirklichen Verbrauchs der elektrischen Energie ausgemerzt werden. Wie hingegen die Wurzel des Übels in allgemeiner Form auszurotten ist, wird an anderer Stelle noch zur Besprechung kommen.

Fall 32. Sicherung β eliminiert.

$$P = 2\,\frac{E}{\sqrt{3}}\,J\cos\varphi,$$

$$P_I{}' = E_{1-3}\,J_{1-0}\cos(\varphi - 30) = EJ\cos(\varphi - 30),$$

$$e = 100\left(\frac{P_I{}'}{P} - 1\right) = 100\,(0{,}25\,\sqrt{3}\,\operatorname{tg}\varphi - 0{,}25),$$

somit ist für $\varphi = 0^0$, $e = -25$; für $\varphi = 30^0$, $e = 0$ und für $\varphi > 30^0$, $e > 0$.

Fall 33. Sicherung γ eliminiert:

$$P = 2\,\frac{E}{\sqrt{3}}\,J\cos\varphi$$

$$P_I{}' = E_{1-3}\,J_{1-0}\cos(\varphi - 30) = EJ\cos(\varphi - 30),$$

$$P_{II}{}' = E_{2-3}\,J_{2-0}\cos(\varphi + 30) = EJ\cos(\varphi + 30),$$

$$e = 100\left(\frac{P_I{}' + P_{II}{}'}{P} - 1\right) = +50.$$

In diesem Falle wird also der Zähler stets 50 % zuviel registrieren, was sich hier auch ohne weiteres durch folgende Überlegung erkennen läßt: Der Zähler wird genau so beeinflußt wie in dem Falle, in dem symmetrische Belastung der drei Phasen vorhanden ist ($P_I{}' + P_{II}{}' = 3\,\frac{E}{\sqrt{3}}\,J\cos\varphi = EJ\sqrt{3}\cos\varphi$); da aber im vorliegenden Falle nur zwei Zweige in Betracht kommen, die infolge der Verbindung des Symmetriepunkts der Belastung mit dem Netz an der gleichen Spannung (der Phasenspannung) liegen wie bei symmetrischer Belastung, so steht der wahre Wert der Leistung $(P = 2\dfrac{E}{\sqrt{3}} J \cos \varphi)$ zu dem den Zählerangaben zugrunde liegenden Wert im Verhältnis $2 : 3$.

Nach dem Vorgesagten ergibt sich, daß eine Benachteiligung des Werks im wesentlichen durch Abschaltung der Leitung α vorkommen kann. Leider hat es der Abnehmer im allgemeinen in der Hand, gleichwelche der Zuleitungen zu seinem Motor zu unterbrechen, so daß der Fall, daß er sich durch solches Vorgehen etwa gar selbst schädige, kaum ins Bereich der Wirklichkeit gehört; auch hätte jedenfalls das Werk, dessen Vorschriften der Abnehmer durch Benutzung des Nullpotentials übertreten, keinerlei Verantwortung für die daraus entstehenden Folgen zu tragen.

Fall 34. Bei Durchschmelzen der beiden hintereinanderliegenden Sicherungen γ und 3 — wodurch allerdings auch weiterhin keine Drehstromentnahme mehr möglich ist, solange Sicherung 3 nicht vom Werk erneuert wird — tritt, sobald die Nulleitung mitbenutzt wird, noch eine Besonderheit auf, denn die beiden Spannungsspulen werden somit von der Hauptleitung 3 abgeschaltet und unter sich hintereinandergeschaltet. Daraus ergeben sich die folgenden Beziehungen:

$$P = 2\frac{E}{\sqrt{3}} J \cos \varphi$$

$$P_I' = \frac{E_{1-2}}{2} J_{1-0} \cos (\varphi + 30) = \frac{EJ}{2} \cos (\varphi + 30)$$

$$P_{II}' = \frac{E_{2-1}}{2} J_{2-0} \cos (\varphi - 30) = \frac{EJ}{2} \cos (\varphi - 30)$$

$$e = 100 \left(\frac{P_I' + P_{II}'}{P} - 1\right) = -25.$$

Der Zähler wird also hier, ganz unabhängig vom Phasenwinkel, 25% zuwenig anzeigen, wobei natürlich von der Messungsgenauigkeit bei halber Spannung pro Zählerspule abgesehen ist.

Fall 35. Wird unter Beibehaltung der für Fall 31 zutreffenden Alterationen außer der Zuleitung α auch noch γ unbenutzt gelassen, so liegt lediglich einphasiger Anschluß vor, wie Abb. 32 schematisch darstellt. Es kann so der Zähler ohne Zuhilfenahme des Symmetriepunkts eines Motors im umgekehrten Richtungssinne beeinflußt werden, falls für die eingezeichnete Spule $\cos \varphi < 0{,}5$ ist; denn da

$$\mathrm{P_{II}}' = \mathrm{E_{2-3}} \; \mathrm{J_{2-0}} \cos (\varphi + 30),$$

so würde die Verschiebung 90^0 übersteigen.

Wenngleich die Ausführung des Zählers mit Sperrvorrichtung zur mechanischen Verhinderung des Rücklaufs von einigem Vorteil sein kann **(Fall 36)**, so muß doch auch hier nicht außer acht gelassen werden, daß ein analoger Mißbrauch in wenig modifizierter Form dennoch weiter betrieben werden kann -(Abb. 33), denn es liegt auf der Hand, daß bei gleichzeitigem Anschluß einer solchen Spule, deren $\cos \varphi < 0{,}5$, und einem beliebigen normal geschalteten Verbraucher (Motor, Heizapparat usw.) der positive Gang des Zählers um soviel verlangsamt wird, als die durch die Spule verursachte, in umgekehrter Richtung wirkende Gegenkraft ausmacht. Daher besteht für das Werk weiter die Gefahr, in ihren Einnahmen auf solche Art geschädigt zu werden.

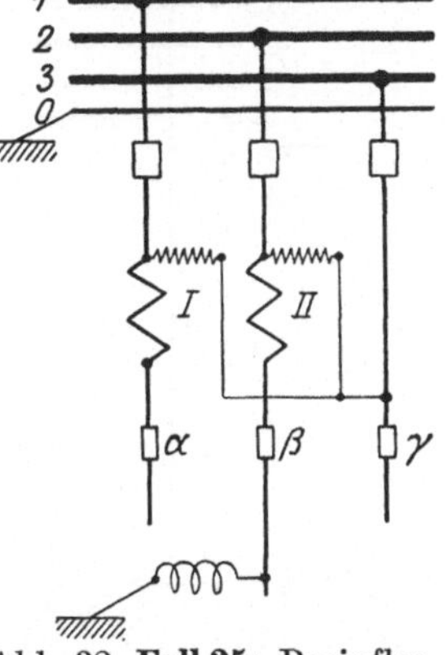

Abb. 32. **Fall 35:** Beeinflussung des Drehstromzählers in umgekehrtem Richtungssinne mittels einphasig angeschlossener Spule.

Es ist hierbei noch besonders des Umstandes zu gedenken, daß der normale Motorbetrieb hiervon gar nicht berührt wird und die betreffende Spule irgendwo verborgen angebracht sein kann, so daß außer dem Abnehmer keiner darum zu wissen braucht.

Daß der Anschluß eines Apparats, allerdings unter Vermittlung eines improvisierten Nulleiters, den Konsum anderer Stromverbraucher geringer erscheinen läßt, ist eine für den Laien derart überraschende Tatsache, daß er oft gar nicht darüber im klaren sein mag, welcher Verschleierung des wahren Sachverhalts er sich durch Benutzung des ihm verschwiegen angepriesenen Apparats schuldig macht, soll es doch sogar vorgekommen sein, daß Personen, die einige dunkle Begriffe von Elektrotechnik hatten, in dem Glauben befangen waren, durch derartige Verwendung einer Spule den $\cos \varphi$ ihrer Anlage zu verbessern, ohne eine direkte

Schädigung des Werks herbeizuführen. Immerhin läßt der Umstand, daß das Vorhandensein von solchen Apparaten vor den Kontrollorganen der Werke meist ängstlich verborgen wird, darauf schließen, daß die prinzipielle Rechtswidrigkeit, die in einem derartigen Vorgehen liegt, im allgemeinen nicht verkannt wird. Aber ganz abgesehen von der moralischen und gesetzlichen Seite dieser Frage, wird vom technischen Standpunkt aus stets die Selbsthilfe, die in der Anwendung zuverlässiger Mittel zur Vorbeugung wurzelt, zu befürworten sein. Hierauf wird später weiter eingegangen werden.

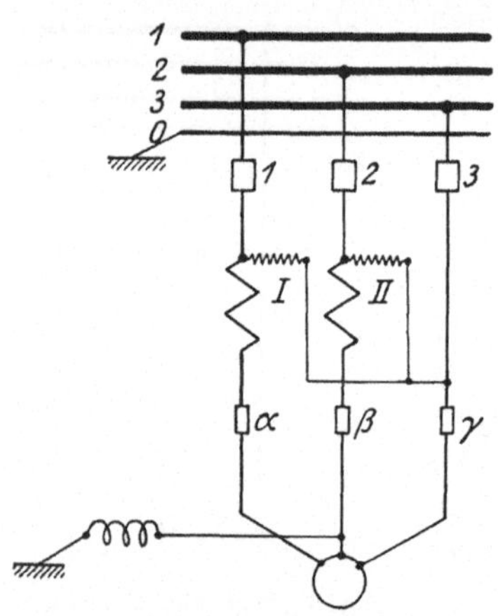

Abb. 33. **Fall 36:** Normal angeschlossener Drehstrommotor, dessen Verbrauch durch gleichzeitig angeschlossene Spule zum Teil verschleiert wird.

Fall 37. Es ist an dieser Stelle noch generall des einfach liegenden Falls Erwähnung zu tun, bei welchem die Angaben des Zweisystem-Drehstromzählers an sich nicht beeinträchtigt werden, wohl aber das Vorhandensein eines solchen die Ursache bildet, die zur Schädigung des Werks führt. Da nämlich (Abb. 34) die Zähleranschlußleitung 3 keine Stromspule enthält, so steht zwischen dieser und Erde die Phasenspannung zur beliebigen Benutzung gratis zur Verfügung, ein Übelstand, der mit der Verwendung des zur Behandlung stehenden üblichen Drehstromzählers bei den vorliegenden Netzverhältnissen untrennbar verknüpft ist und somit dazu Anlaß geben kann, zuverlässigere, an anderer Stelle zur Besprechung kommende Zählerausführungen vorzusehen.

Während die vorbesprochenen Fälle der Alterierung der Drehstromzählerangaben die eigenmächtige Mitbenutzung des Nullpunktpotentials zur Voraussetzung hatten, kommen in folgendem nunmehr solche Fälle zur Sprache, welche — wenngleich sie diesem ersten Teil des Buches der gewählten Einteilung entsprechend wegen ihres Vorkommens im Drehstromnetz mit geerdetem Nullpunkt angehören — nicht lediglich auf dieses System beschränkt bleiben, sondern vielmehr allgemeinen Charakter haben. Auch können ihre Ausführungsformen verschieden sein, während sie in ihren Folgen typisch gleiches Verhalten zeigen. Allgemein gesprochen sind hierunter alle die Fälle zu rechnen, bei denen die Anlage auch weiter mit Drehstrom — ohne Nulleitung — gespeist wird, nachdem die normale Mitwirkung der Meßsysteme des Drehstromzählers an dem Meßvorgang in der einen oder andern Weise aufgehoben worden ist.

Bevor der verschiedenen Möglichkeiten dieser Art gedacht werde, empfiehlt es sich, des besseren Verständnisses halber, zunächst die normale Wirkungsweise der beiden Meßsysteme des Drehstromzweisystemzählers ins Auge zu fassen.

In den einleitenden Worten zu diesem Abschnitt wurde bereits vermerkt, daß bekanntlich bei der genannten Zählertype allgemein die Gesamtleistung P gleich der arithmetischen Summe der durch die beiden mechanisch gekuppelten Systeme I und II (Abb. 30) geführten Einzelleistungen P_I und P_{II} ist. In den einschlägigen Lehrbüchern findet sich die Beweisführung hierfür.

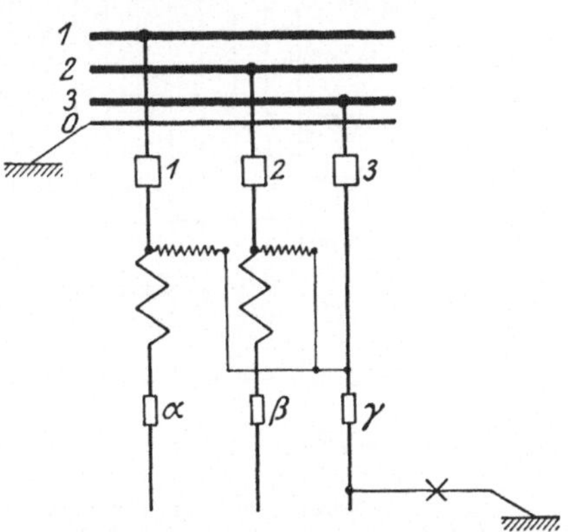

Abb. 34. **Fall 37:** Unentgeltliche Speisung von an der Phasenspannung liegenden Verbrauchern.

Um darzutun, welchen Anteil jedes der beiden Zählersysteme — entsprechend dem jeweiligen cos φ der Belastung — an der Messung nimmt, sei im nachstehenden der einfach liegende Fall symmetrischer Belastung analytisch betrachtet. Unter dieser Voraussetzung ist (vgl. Abb. 10 und 31; bei letzterer ist die Nulleitung zur Erde, als für diese Betrachtung jetzt nicht hinzugehörig, wegzudenken):

$$P_I = E_{1-3}\, J_{1-0} \cos(\varphi - 30) = E\,J \cos(\varphi - 30)^{[1]},$$
$$P_{II} = E_{2-3}\, J_{2-0} \cos(\varphi + 30) = E\,J \cos(\varphi + 30)^{[1]},$$

wobei übrigens in dieser Form auch ohne weiteres erkennbar ist, daß die Totalleistung:

$$P = P_I + P_{II},$$

---

[1] Vgl. sinngemäß das in Fußnote S. 29 Gesagte.

denn für symmetrische Drehstrombelastung ist bekanntlich einerseits:

$$P = \sqrt{3}\, E\,J \cos \varphi.$$

Anderseits ist aber hier ebenfalls:

$$P_I + P_{II} = E\,J \cos (\varphi - 30) + E\,J \cos (\varphi + 30) = \sqrt{3}\, E\,J \cos \varphi.$$

Aus den beiden Formeln für die Teilleistungen P_I und P_{II} ersieht man sofort, daß für $\varphi = 0^0$ die Gesamtleistung sich auf beide

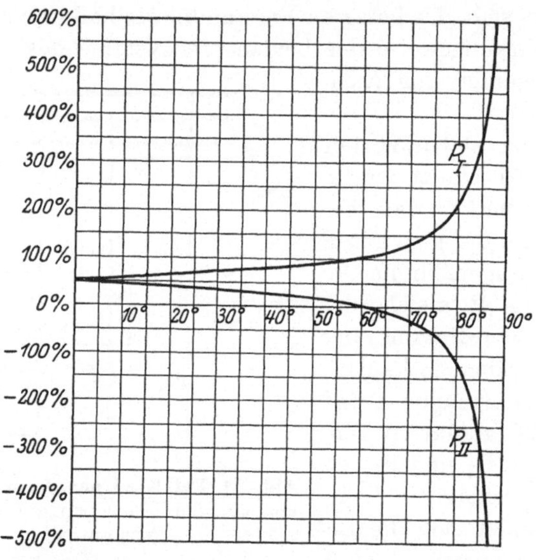

Abb. 35. Darstellung der prozentualen Anteile beider Systeme an der Messung in Abhängigkeit vom Phasenwinkel φ (in Winkelgraden).

Systeme hälftig verteilt; mit zunehmendem φ verschiebt sich hingegen die Verteilung der Gesamtleistung auf beide Systeme derart, daß System I einen immer größer werdenden und System II einen immer kleiner werdenden Teil übernimmt, bis für $\varphi = 60^0$ auf das erstere die ganze Leistung $E\,J \sqrt{3} \cos \varphi$ entfällt, da:

$$P_I = E\,J \cos (60 - 30) = E\,J \sqrt{3} \cos 60,$$
$$P_{II} = E\,J \cos (60 + 30) = 0;$$

mit weiter wachsendem φ über 60^0 hinaus wird P_I größer als die Gesamtleistung und P_{II} restiert — da in negativer Richtung wirkend — den entsprechenden Überschuß, um den P_I zuviel beträgt.

Das Kurvendiagramm (Abb. 35) sowie die dazugehörige nachstehende Tabelle bringen die allmähliche Verschiebung der Anteile beider Systeme an der Leistungsmessung in Prozenten der Totalleistung und in Abhängigkeit von dem Phasenwinkel φ, soweit induktive Belastung in Betracht kommt, zum Ausdruck; die für kapazitive Belastung sich ergebenden, praktisch geringe Bedeutung habenden Werte verlaufen analog in negativer Richtung der Abszissenachse.

φ in Graden	P_I in Prozenten	P_{II} in Prozenten
0	50	50
10	55	45
20	$60\frac{1}{2}$	$39\frac{1}{2}$
30	$66\frac{2}{3}$	$33\frac{1}{3}$
40	$74\frac{1}{2}$	$25\frac{1}{2}$
50	$84\frac{1}{2}$	$15\frac{1}{2}$
60	100	0
70	129	— 29
75	158	— 58
80	214	— 114
85	382	— 282
87	600	— 500
89	1720	—1620
90	$+\infty$	— ∞

An Hand des Vorstehenden läßt sich ohne weiteres die Bedeutung der Schädigungen ermessen, die das Elektrizitätswerk erleidet, wenn das eine oder andere System außer Wirkung bleibt, während weiter Drehstromentnahme erfolgt.

Solche Fälle können in verschiedener Art vorkommen, der gröbste dieser Klasse ist zweifellos der, bei welchem infolge Eingriffs in die Zuleitungen eine Überbrückung einer Stromspule bewerkstelligt wird, während einer der raffiniertesten Fälle auf diesem Gebiet der in Abb. 36 dargestellte sein dürfte (Fall 38), welcher im übrigen dem früher geschilderten Fall 24 typisch gleich ist und dadurch nur lediglich dann zu einer Schädigung des Werks führen kann, wenn die betreffende Anschlußsicherung ohne Dazwischenkunft des Werks erneuert wird, oder aber wenn es versäumt wird, daran anschließend den Zähler einer auf diesen Fall gerichteten

Kontrolle zu unterziehen. Daß es nicht in allen Fällen ausreicht, sich auf eine oberflächliche Nachkontrolle des Zählergangs zu beschränken, wie es allerdings bei Neueinsetzen einer Sicherung meist Brauch ist, geht schon daraus hervor, daß bei Wegfall des Systems II und — um einen Extremfall anzuführen — bei Vorhandensein eines cos φ = 0,5, der Zähler sogar vollkommen richtig funktionieren würde.

Es kann übrigens auch ausnahmsweise die Wirkungslosigkeit eines Systems ihren Grund in dem ohne äußeres Zutun eingetretenen Defekt einer Spannungsspule haben und im besonderen, wie nebenbei bemerkt sein möge, bei Zählern mit Spannungsmeßtransformatoren ein solcher durch eine seiner Sicherungen abgetrennt werden, was in gleicher Weise die normale Zählerwirkungsweise alterieren würde[1]). Bekanntlich sind die zur Anwendung kommenden Hochspannungssicherungen elektrisch und mechanisch sehr empfindlich, so daß neben der Möglichkeit, daß gelegentlich nur die eine oder andere Sicherung durchschlägt, auch die Gefahr besteht, daß aus mechanischen Gründen eine Unterbrechung vorkommt.

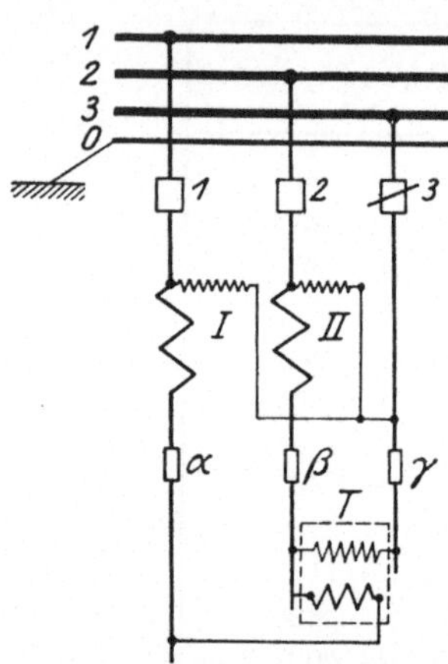

Abb. 36. **Fall 38:** Alterierung der Meßfunktionen des Drehstrom-Zweisystemzählers durch elektrische Beschädigung einer seiner Spannungsspulen.

Es empfiehlt sich, damit derartige Mängel nicht ungestört fortbestehen, periodisch darauf gerichtete Revisionen vorzunehmen.

---

[1]) Eine originelle Neuerung, um solche Defekte aufzudecken, hat Herr August Kaeppele vorgeschlagen (ETZ 1922, Heft 10, S. 313 und Heft 24, S. 830, Hochspannungszähler mit kombiniertem Störungsmelder). Im wesentlichen liegt der patentamtlich geschützten Neueinrichtung der Gedanke zugrunde, durch Anordnung einer zweiten Wicklung über den Spannungsspulen der messenden Systeme gewissermaßen Transformatoren zu bilden, dergestalt, daß auf die zweite Wicklung vorübergehend geschaltete, im Zähler eingebaute Lämpchen richtig leuchten, solange kein Defekt bezüglich der in diesem Sinne als Primärwicklung geltenden Spannungsspulen vorliegt. Da lediglich der Ablesebeamte in der Lage ist, die Einschaltung der Lämpchen zu betätigen, so sind die Sekundärwicklungen normal offen, wodurch vermieden wird, daß die Spannungsspulen in ihrer Wirkungsweise als solche beeinträchtigt werden.

Allgemein ist hier noch zu bemerken, daß die Möglichkeit des nicht zeitigen Erkennens solcher versteckten Defekte deshalb gegeben ist, weil man dem gewöhnlichen Drehstromzweisystemzähler es nicht ohne weiteres ansehen kann, ob seine Angaben von beiden Systemen oder nur von einem hervorgerufen worden sind. Bei Ausführung der Zähler mit zwei unabhängig voneinander registrierenden Zählwerken, also eigentlich zwei selbständig funktionierenden, nur aus äußeren Gründen im gleichen Gehäuse untergebrachten Einsystemzählern, würde das Übersehen des Unwirksamwerdens eines Systems ausgeschlossen sein. Eine solche Anordnung ist zu anderm Zweck, und zwar zur Feststellung des mittleren cos φ von einigermaßen symmetrisch belasteten Drehstromanschlüssen empfohlen worden, um durch Rabattgewährung die Interessen des Abnehmers mit denen des Werks hinsichtlich eines möglichst hohen Leistungsfaktors zu verknüpfen. Die in Betracht kommenden Beziehungen ergeben sich aus den für symmetrische Last geltenden, bereits früher aufgeführten Formeln für die beiden Teilleistungen:

$$P_I = E J \cos (\varphi - 30),$$
$$P_{II} = E J \cos (\varphi + 30),$$

$$\frac{P_I}{P_{II}} = \frac{\cos (\varphi - 30)}{\cos (\varphi + 30)} = \frac{\sqrt{3} + \operatorname{tg}\varphi}{\sqrt{3} - \operatorname{tg}\varphi},$$

$$\operatorname{tg}\varphi = \sqrt{3}\, \frac{P_I - P_{II}}{P_I + P_{II}}, \qquad \cos\varphi = \frac{1}{\sqrt{1 + 3\left(\dfrac{P_I - P_{II}}{P_I + P_{II}}\right)^2}}.$$

Es sei noch beiläufig bemerkt, daß zur schnellen Auffindung des entsprechenden Leistungsfaktors sowohl Kurven wie Tabellen geeignet sind, die den cos φ als Funktion von $\dfrac{P_I}{P_{II}}$ enthalten. Wie man sieht, würde die getrennte Registrierung der beiden Teilleistungen einmal eine weiterreichende Kontrolle des Zählerzustandes ermöglichen und ferner einen gewissen Anhaltspunkt über den mittleren Leistungsfaktor der Anlage liefern, vorausgesetzt natürlich, daß lediglich durchweg symmetrische Belastung in Frage kommt; bei gelegentlichem Anschlusse von einphasiger Belastung hätte es der Abnehmer sogar in der Hand, diese Belastung auf das sonst schwächer belastete Zählersystem zu schalten, so daß dadurch der wirkliche mittlere, bei Drehstromverbrauch auftretende Leistungsfaktor völlig verschleiert würde. Wenn allerdings das Zählersystem II etwa gar einen höheren Verbrauch als I aufwiese, so würde hiermit die Umgehung der Vorschrift bezüglich Drehstromentnahme offenkundig werden, da nach der gewählten Schaltungsart System II höchstens — und zwar nur bei Ohmscher Last — ebensoviel wie das andere anzeigen kann, sofern die Bedingung der Symmetrie der Belastung erfüllt ist.

In jedem Falle bleibt bei der besprochenen Lösung die bessere Kontrolle der Zähleranlage an sich als Vorteil bestehen, zumal auch damit die früher behandelte Beeinflussung des Zählers in umgekehrtem Richtungssinne keine große Bedeutung mehr hätte bzw. eher aufgedeckt werden dürfte, weil immer nur dasselbe, und zwar das an und für sich schwächer messende System mittels induktiver Belastung davon betroffen werden könnte, was natürlich auffallen müßte.

Der Umstand, daß zwei getrennte Zählbeträge anstatt eines einfachen Globalwerts verrechnet werden müssen, mag allerdings bei mangelndem Verständnis der Kundschaft unliebsam von dieser empfunden werden und ist diesem Moment eine gewisse Bedeutung nicht zu versagen.

b) Kombination zwischen zwei benachbarten Drehstromzählern.

(Fall 39—48.)

Werden die Zähler stets gleichsinnig bezüglich der Phasenfolge angeschlossen, dann ist die Gefahr einer Schädigung des Werks die relativ geringste, wie sich durch vergleichende Betrachtung ergibt.

Es seien zunächst die bei dieser Anschlußweise in Frage kommenden Beeinträchtigungen ins Auge gefaßt.

Fall 39. Im vorliegenden Fall (Abb. 37) sind infolge Durchschlagens der Anschlußsicherung 3 des Zählers B (allgemein derjenigen, über deren Leitung die Phasenspannung benutzt werden kann, ohne daß der Zähler Verbrauch registriert) seine Spannungsspulen hintereinandergeschaltet, wenn über Sicherung γ keine weitere Verbindung gegeben ist. Wird nun die dem Drehstromverbraucher in der Anlage B jetzt fehlende Phasenleitung 3 über

Anlage A durch die gleichartige, keine Stromspule enthaltende Leitung ersetzt, so ist weiterhin Drehstromentnahme möglich, deren Energiewert bei symmetrischer Belastung nur zur Hälfte von dem zugehörigen Zähler B aufgenommen wird, denn die wirkliche Leistung ist:

$$P = EJ \sqrt{3} \cos \varphi,$$

hingegen die den Zählerangaben zugrunde liegende:

$$P' = P_I' + P_{II}' = \frac{E_{1-2}}{2} J_{1-0} \cos (\varphi + 30) +$$

$$+ \frac{E_{2-1}}{2} J_{2-0} \cos (\varphi - 30) = \frac{1}{2} EJ \sqrt{3} \cos \varphi.$$

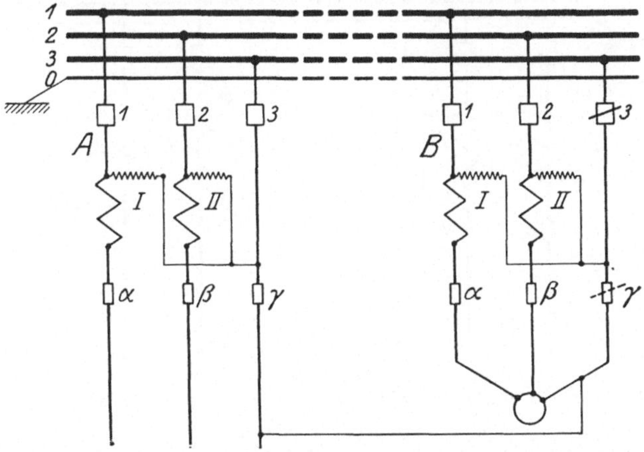

Abb. 37. **Fall 39:** Kombination zwischen zwei Drehstromzählern mittels Sicherungsdurchschmelzung unter Verwendung einer Verbindungsleitung.

Da die beiden Systeme des Zählers B hintereinandergeschaltet sind, so registrieren sie stets gleiche Werte. Dieser Umstand würde bei Verwendung der vorerwähnten Ausführung mit zwei getrennten Zählwerken offensichtlich zutage treten und damit im allgemeinen die Aufmerksamkeit der Revisionsbeamten herausfordern, welche den Tatbestand in solchem Fall, außerhalb der Anlage des Abnehmers, an der durchgeschlagenen Sicherung 3 erkennen können, selbst wenn zuzeiten der Nacheichung des Zählers B dieser infolge festgeschraubter Sicherung γ — über die versteckt verlegte Verbindungslinie der beiden Anlagen untereinander — den Anschluß an die Phasenleitung 3 vorübergehend wiederbekommen hätte und damit die Vergleichsmessungen an sich keine anormalen Resultate zeitigten.

Die infolge der Hintereinanderschaltung der Spannungsspulen im Prinzip stattgefundene Umwandlung des gebräuchlichen Drehstrom-Zweisystemzählers B in einen zweipoligen Einsystemzähler bringt ferner naturgemäß mit sich, daß dieser Zähler nicht nur lediglich ähnlich wie früher als Drehstromzähler für ihn angegeben (vgl. Fall 35), mit Hilfe induktiver Belastung mittels einer Verbindung an Erde gemäß Fall 9, sondern auch in erheblich stärkerem

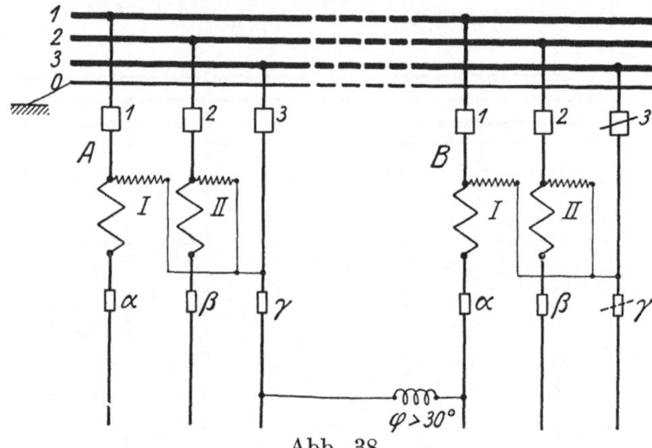

Abb. 38.

Fall 40: Beeinflussung des Zählers B in umgekehrtem Richtungssinne.

Maße[1]) über Leitung 3 des Zählers A vermittels derselben vorerwähnten, improvisierten Verbindung zwischen beiden Anlagen zurückgestellt werden kann **(Fall 40)**, wie Abb. 38 veranschaulicht. Je nachdem wie die Verhältnisse bezüglich des Motors in der Anlage B liegen, kann es auch vorkommen, daß dieser, als Einphasenmotor leerlaufend, eine derartige induktive Belastung bildet, daß dadurch bereits starker Rückwärtsgang des Zählers bewirkt wird, wobei in der in Abb. 37 gegebenen Darstellung lediglich noch die Sicherung β der Anlage B als losgeschraubt anzusehen ist.

---

[1]) Weil jetzt bereits ohne den Phasenwinkel der Belastung eine Verschiebung von 60^0 vorhanden ist gegenüber 30^0 früher (zwischen Linien- und Phasenspannung).

Der Umstand, daß die registrierten Werte des Zählers B völlig verschleiert werden können, läßt sonach auch die Gefahr aufkommen, daß die hierbei als Mittäter wirkende Zähleranlage A gleichfalls daraus direkten Vorteil zieht.

Fall 41. Zunächst kommt in dieser Hinsicht der in Abb. 39 dargestellte Fall in Betracht, bei welchem die gleiche Verbindungsleitung wie vorher mit der betreffenden induktiven Belastung nunmehr zwischen Leitung β des Zählers A und der Leitung α des Zählers B geschaltet ist. Daraus erhellt, daß die beiden Zähler gemäß folgender Beziehungen funktionieren:

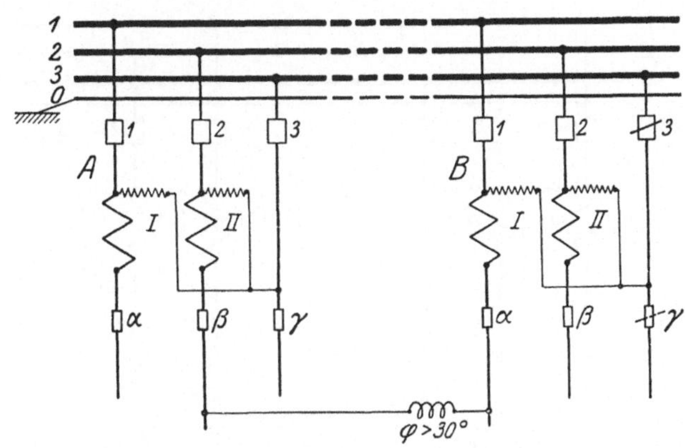

Abb. 39.
Fall 41: Beeinflussung des Zählers A in umgekehrtem Richtungssinne.

$$\text{Zähler A: } P_{II}{}' = E_{2-3}\, J_{2-1}\cos(\varphi + 60),$$
$$\text{Zähler B: } P_{I}{}'' = \tfrac{1}{2} E_{1-2}\, J_{1-2}\cos\varphi.$$

Beträgt z. B. der Phasenverschiebungswinkel φ der induktiven Belastung 60^0, so ist demnach:

$$P_{II}{}' = -\tfrac{1}{2} E J,$$
$$P_{I}{}'' = +\tfrac{1}{4} E J.$$

Selbst wenn der Zähler B nachher nicht zurückgestellt würde, erlitte das Werk bereits eine Schädigung um 50 % in seinen entsprechenden Einnahmen, da nach vorstehendem Zähler A doppelt so schnell rückwärts wie B vorwärts läuft. Dies Verhältnis verschiebt sich noch mehr zum Nachteil des Werks, wenn $\varphi > 60^0$, wie ohne weiteres aus obigen Beziehungen ersichtlich ist.

4*

Fall 42. Eine andere Gefahr für das Werk besteht in der Verwendung z w e i e r Verbindungslinien' zwischen beiden Anlagen, wie Abb. 40 veranschaulicht, wobei in jeder Installation zu gleicher Zeit Drehstrom verbraucht werden kann, ohne daß der wahre Wert registriert wird. Bezüglich des Verbrauchs der Anlage B gilt das gleiche, wie unter Fall 39 bemerkt, da hinsichtlich dieser Anlage die Verhältnisse dieselben bleiben, bei symmetrischer Last also nur die Hälfte des wahren Betrags aufgenommen wird. Bei der Messung der in der Anlage A verbrauchten Energie wirken hingegen beide Zähler A und B mit und zwar auf Grund der Formeln:

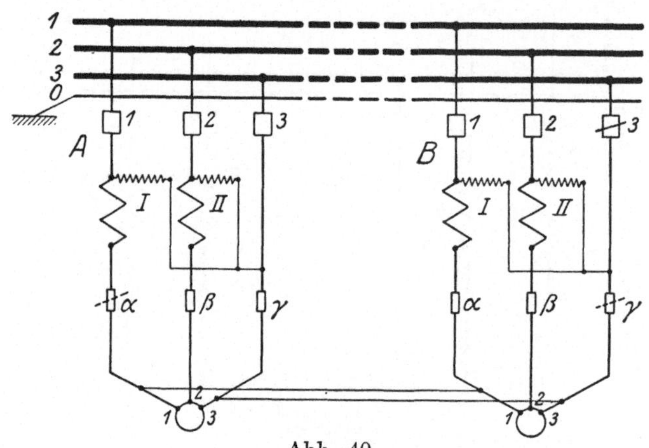

Abb. 40.

Fall 42: Kombination zwischen zwei Drehstromzählern mittels Sicherungs-durchschmelzung unter Verwendung zweier Verbindungsleitungen.

$$\text{Zähler A: } P_{II}' = E_{2-3}\, J_{2-0} \cos (\varphi + 30),$$
$$\text{Zähler B: } P_{I}'' = \tfrac{1}{2}\, E_{1-2}\, J_{1-0} \cos (\varphi + 30),$$

somit ist der prozentuale Fehler:

$$e = 100 \left(\frac{P_{II}' + P_{I}''}{P} - 1 \right),$$

$$e = 100 \left(\frac{1,5\ EJ \cos (\varphi + 30)}{EJ \sqrt{3} \cos \varphi} - 1 \right) = -100 \left(0{,}25 + \frac{3 \operatorname{tg} \varphi}{4 \sqrt{3}} \right).$$

Der Fehler, welcher also stets das Werk benachteiligt, wird mit zunehmendem φ immer bedeutender, und zwar steigt er von 25% bei $\cos \varphi = 1$ auf 50% bei $\cos \varphi = 0{,}87$, und bei $\cos \varphi < 0{,}5$ übertrifft er 100%; d. h. die in Frage kommenden Zählersysteme A_{II} und B_I werden beide gemeinsam in umgekehrter Richtung beeinflußt, was allerdings, einzeln auf die Systeme B_I bzw. A_{II} bezogen, in etwas anderer Form bereits bei cos $\varphi < 0{,}87$, wie in den Fällen 38 bzw. 39 geschildert, erreicht werden kann.

Fall 43. Daß unter den vorliegenden Verhältnissen bei hintereinandergeschalteten Spannungsspulen des Zählers B ein Transformator in ähnlicher Weise wie früher erwähnt zur Verwendung kommen kann, um in Verbindung mit induktiver Belastung beide Zähler gleichzeitig in umgekehrtem Sinne zu beeinflussen, ergibt

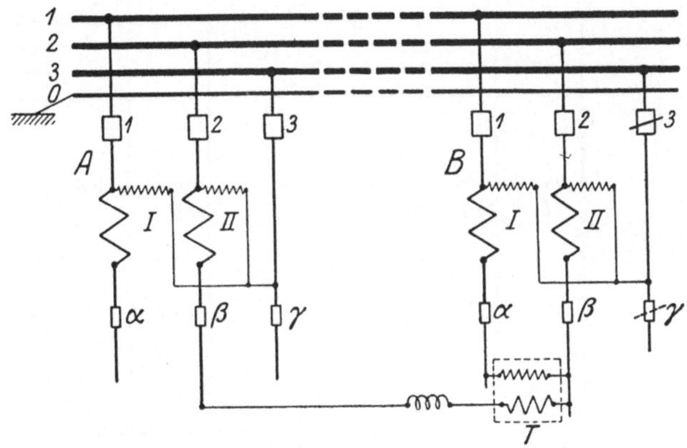

Abb. 41. **Fall 43:** Beeinflussung der beiden Drehstromzähler gleichzeitig in umgekehrtem Richtungssinne.

sich durch Betrachtung der Abb. 41, ohne einer weiteren Erörterung zu bedürfen.

Wenn trotz alledem, was vorangeht, die gleichsinnige Anschlußweise der behandelten Drehstromzähler als das relativ wenig Bedenklichste bezeichnet wurde, so liegt dies im Grunde genommen daran, daß sämtliche vorerwähnten, darauf bezogenen Fälle auf der gemeinsamen Voraussetzung fußten, daß einer der Zähler durch Sicherungsdurchschmelzung hinsichtlich einer Phase vom Netz abgetrennt worden war. Sind die Zähler dagegen nicht gleichsinnig angeschlossen, so sind mißbräuchliche gegenseitige Beeinträchtigungen nicht einmal an die Erfüllung dieser Voraussetzung gebunden, da dann solche, wie aus nachstehendem ersichtlich, in viel einfacherer Form verübt werden können.

Fall 44. Die improvisierte Verbindungslinie zwischen den Anlagen A und B (Abb. 42) liefert der letzteren das Potential 3, so daß diese zur Entnahme von Drehstrom ihre eigene Leitung γ nicht mehr benötigt und damit die Mitwirkung des Systems I umgangen werden kann. Der Zähler B registriert also in solchem Falle lediglich in Abhängigkeit von dem im allgemeinen schwächer messenden System II[1]). Wie früher gezeigt wurde, beträgt hierbei die Schädigung des Werks für die Werte cos $\varphi = 1$ bis cos $\varphi = 0,5$, 50 bis 100%; ist φ noch größer als 60°, so läuft der Zähler rückwärts.

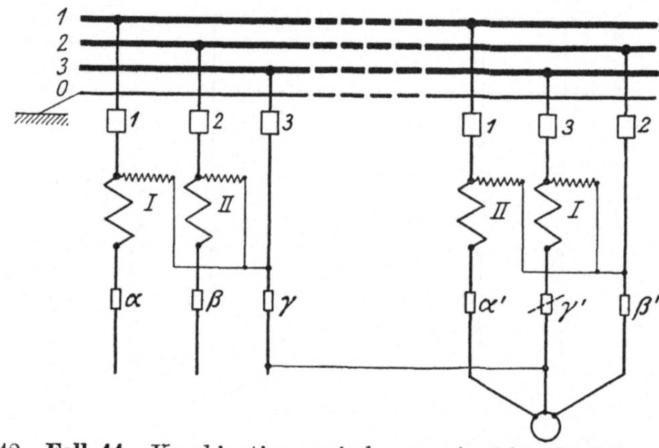

Abb. 42. **Fall 44:** Kombination zwischen zwei nicht gleichsinnig angeschlossenen Drehstromzählern zwecks direkter Verschleierung der über Zähler B entnommenen Energie.

Fall 45. Bei über der gleichen Verbindungslinie angeschlossener einphasiger induktiver Belastung (Abb. 43) tritt bereits Rückwärtsgang des Zählers B bei $\varphi > 30°$ ein. Auch der Drehstrommotor in Abb. 42 kann hier in analoger Weise, wie unter Fall 40 bemerkt, die Rolle der einphasigen Belastung übernehmen, wenn auch noch die Verbindung mit Phase 2 unterbrochen wird.

Der Zähler A ist unter den gegebenen Umständen in geringerem Maße als Zähler B den geschilderten Einwirkungen ausgesetzt.

---

[1]) Bei anderer Anschlußweise könnte erreicht werden, daß Zähler B gemäß dem stärker messenden System I registriere, aber dann würde bei Zähler A das schwächer messende System maßgebend sein, anstatt (wie im Fall 46 behandelt) das stärker messende.

Fall 46. Wie Abb. 44 erkennen läßt, kann hierbei nur das System II von der Mitwirkung an der Registrierung ausscheiden,

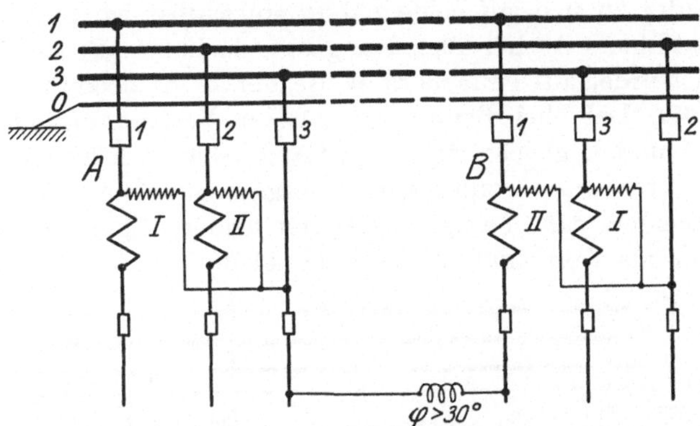

Abb. 43. **Fall 45:** Kombination zwischen zwei nicht gleichsinnig angeschlossenen Drehstromzählern zwecks elektrischer Rückstellung des Zählers B mittels induktiver Belastung.

so daß die maximal mögliche Beeinträchtigung des Werks auf diesem Wege 50% betrüge. Ein Rückstellen dieses Zählers mittels

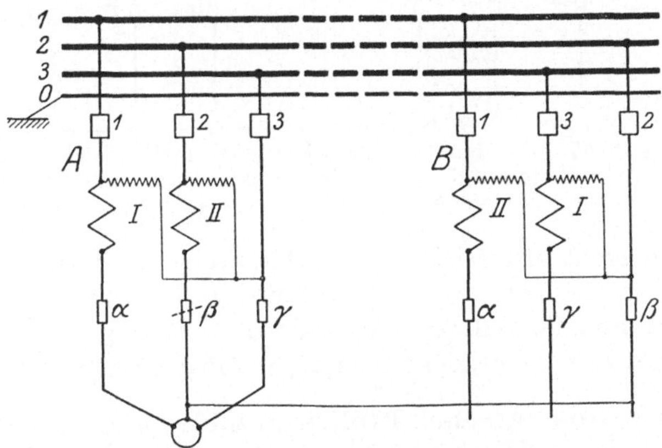

Abb. 44. **Fall 46:** Kombination zwischen zwei nicht gleichsinnig angeschlossenen Drehstromzählern zwecks direkter Verschleierung der über Zähler A entnommenen Energie.

induktiver Belastung kommt nicht in Betracht und die Frage der Verwendung von Kondensatoren erscheint bei — im allgemeinen für relativ große Leistungen vorgesehenen — Drehstromzählern praktisch bedeutungslos.

Fall 47. Es bleibt hingegen in dieser Beziehung die Möglichkeit der Transformatorenverwendung bestehen (Abb. 45), ein Mißbrauch, der an sich auf beide Zähler anwendbar ist, aber bezüglich des Zählers A eher Bedeutung hat, da Zähler B, wie vorher gesehen wurde, auf einfachere Weise derart zu beeinflussen ist.

Fall 48. Daß bei Benutzung zweier Verbindungslinien die Zähler A und B gleichzeitig ihren Gang beeinträchtigenden Wirkungen unterworfen werden können, ergibt sich ohne weiteres und liegt besonders nahe bezüglich direkter beiderseitiger Drehstromentnahme als Kombination der Fälle 44 und 46.

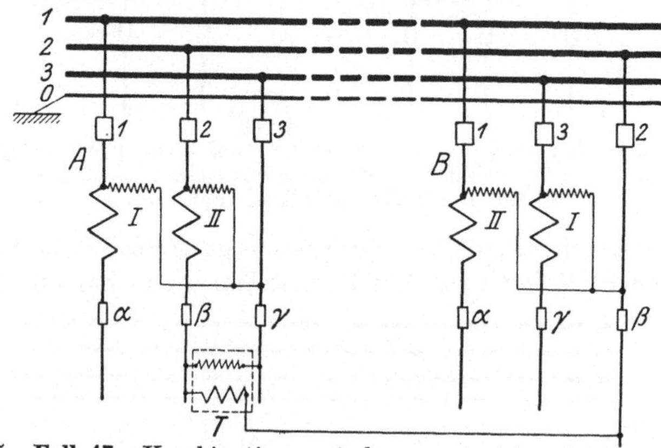

Abb. 45. **Fall 47:** Kombination zwischen zwei nicht gleichsinnig angeschlossenen Drehstromzählern zwecks elektrischen Rückstellens des Zählers A mittels Transformators.

Bei der nicht gleichsinnigen Anschlußweise der beiden Zähler steht natürlich auch zwischen den Leitungen 3 (A) und 2 (B) die verkettete Spannung direkt umsonst zur Verfügung und überdies ebenso die entsprechenden Phasenspannungen gegen Erde.

c) Kombination zwischen Drehstromzähler und Lichtzähler.

Nachdem vorstehend lediglich die Kombination zwischen zwei Drehstromzählern berücksichtigt worden ist, soll nunmehr von solchen die Rede sein, welche zwischen dem Drehstromzähler und dem bei dem gleichen Abnehmer meist vorhandenen sog. Lichtzähler stattfinden können. Hier ist prinzipiell zu unterscheiden, ob dieser an die Phasenspannung oder an die verkettete Spannung angeschlossen ist.

α) Anschluß des Lichtzählers an die Phasenspannung.
(Fall 49—54.)

Bezüglich des Drehstromzählers selbst tritt infolge des Vorhandenseins des Einsystemzählers keine weitere Gefahr mißbräuchlichen Vorgehens hinzu, denn die mittels der Nulleitung des letzteren möglichen Beeinträchtigungen brauchen nicht besonders erwähnt zu werden, da solche — wie früher ausgeführt — infolge der Erdung des Nullpunktpotentials auch ohne Vermittlung der betreffenden Zählerleitung über die Erde bewerkstelligt werden können. Was ferner die Umgehung eines der beiden Systeme des

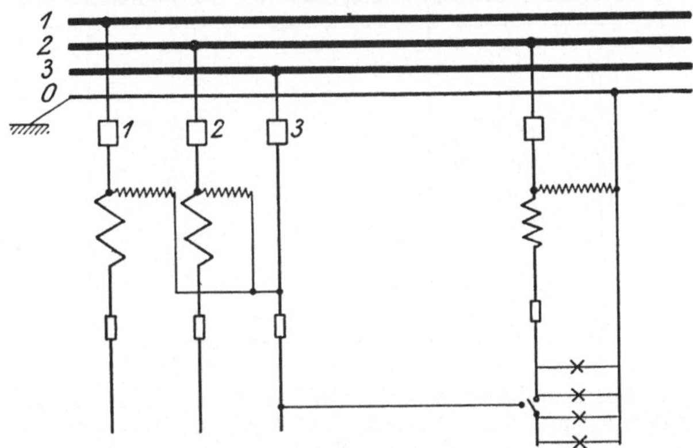

Abb. 46. **Fall 49:** Kombination zwischen Drehstromzähler und Lichtzähler zwecks Umgehung des letzteren.

Drehstromzählers durch ersatzweise Zuhilfenahme der entsprechenden Leitung des Lichtzählers anbetrifft, so ist dazu zu bemerken, daß eine solche Kombination nur dann praktische Bedeutung haben würde, wenn bezüglich des Einsystemzählers das unter Fall 1 Bemerkte zutrifft, also dieser Zähler nach Belieben außer Funktion gesetzt werden kann oder aber in umgekehrtem Richtungssinne zu beeinflussen ist, was beides schon an und für sich durchaus verhütet werden muß. Zudem ist auch meist der Lichtzähleranschluß für eine erheblich niedrigere Stromstärke bemessen als die, welche bei Drehstromspeisungen gebraucht wird, so daß auch dadurch ein solcher Fall in seiner Bedeutung sehr abgeschwächt wird.

Eine Beeinflussung der Angaben des Einsystemzählers über den Drehstromanschluß scheint auch auf den ersten Blick nicht sehr im Bereiche der Wahrscheinlichkeit zu liegen, da ohnehin (vgl. das für Fall 37 Gesagte) unter den gegebenen Umständen die Phasenspannung, also in diesem Falle die Lichtspannung, unentgeltlich über die Leitung 3 des Drehstromzählers zugänglich ist, wobei — bei gleichwelcher Schaltungsweise des Lichtzählers an das Netz **(Fall 49)** — der Anschluß der Lichtanlage nur zum Teil und auch nur zeitweilig in unbefugter Weise bewerkstelligt werden mag, wie

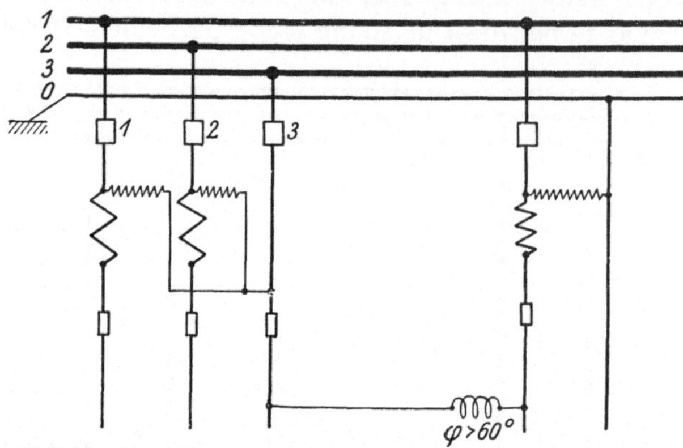

Abb. 47. **Fall 50:** Kombination zwischen Drehstromzähler und an Phase 1 angeschlossenem Lichtzähler zwecks Rückstellens des letzteren durch induktive Belastung.

dies durch Abb. 46 für eine beliebige Schaltungsweise als Beispiel veranschaulicht ist.

Zieht man jedoch in Berücksichtigung, daß solcher Mißbrauch während der Konsumzeit selbst verübt werden muß, und ferner, daß je nach Lage der räumlichen Verhältnisse auch in der betreffenden Installation Merkmale, die auf den anormalen Zustand hindeuten, aufgefunden werden könnten, so erscheint es angebracht, auch die Aufmerksamkeit auf die Verhinderung solcher Vorkommnisse zu richten, die weniger einfach als der eben erwähnte Fall sich abspielen, anderseits aber deshalb, weil sie zu beliebiger Zeit stattfinden können — und zwar ohne eigentliche Spuren zu hinterlassen —, um so eher dem Werk verborgen bleiben.

Unter diesem Gesichtspunkt sollen daher nachstehend in der Reihenfolge der Phasenordnung die hier in Frage kommenden drei verschiedenen Anschlußmöglichkeiten des Lichtzählers unter Beiseitelassung der grundsätzlich fehlerhaften Schaltungsarten, bei denen in der geerdeten Nulleitung eine Stromspule liegt, erörtert werden, um daraus auf die wenigst nachteilige Anschlußweise schließen zu können.

Fall 50. Anschluß des Lichtzählers an Phase 1. Die gemäß Abb. 47 zwischengeschaltete induktive Last ($\varphi > 60^0$) wirkt auf den Einphasenzähler in negativer Richtung ein, ohne den Drehstromzähler zu beeinflussen; somit lassen sich die Angaben des ersteren auf diese Weise willkürlich verschleiern.

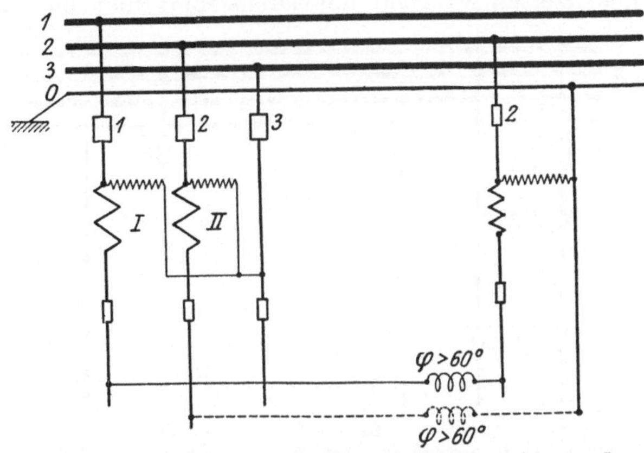

Abb. 48. **Fall 51:** Kombination zwischen Drehstromzähler und an Phase 2 angeschlossenem Lichtzähler zwecks Rückstellen durch induktive Belastung.

Fall 51. Anschluß des Lichtzählers an Phase 2. Um hier (Abb. 48) mittels induktiver Last eine gleiche Wirkung wie im vorigen Falle hervorzubringen, müßte die — eine Stromspule führende — Phase 1 des Drehstromzählers herangezogen werden, wobei dieser letztere demgemäß an der Messung, und zwar — bei der angenommenen induktiven Phasenverschiebung von $\varphi > 60^0$ — im positiven Sinne teilnimmt. Die Registrierung beider Zähler entspricht folgenden Formeln:

für den Lichtzähler:

$$P_I{}' = E_{2-0}\, J_{2-1} \cos (\varphi + 30),$$

für den Kraftzähler:

$$P_I{}' = E_{1-3}\, J_{1-2} \cos (\varphi - 60).$$

Daraus ist ersichtlich, daß sogar noch im theoretischen Extremfall für $\varphi = 90^0$ der Drehstromzähler $\sqrt{3}$ mal soviel im positiven Sinne registriert, wie von den Angaben des Lichtzählers abgezogen wird, demnach käme ohne weiteres eine Schädigung des Werks von Belang nur dann in Frage, wenn der Krafttarif um ein Mehrfaches niedriger wäre als der Lichttarif.

Allerdings ist hierbei des Umstandes zu gedenken, daß mittels des Nullpotentials der Drehstromzähler in rückwärtigem Sinne beeinflußt werden kann (Fall 35) und selbst, falls eine Hemmvorrichtung eingebaut ist, die Gegenwirkung schädigend wirkt, sofern von ihr gleichzeitig, während der Drehstromzähler positiv regi-

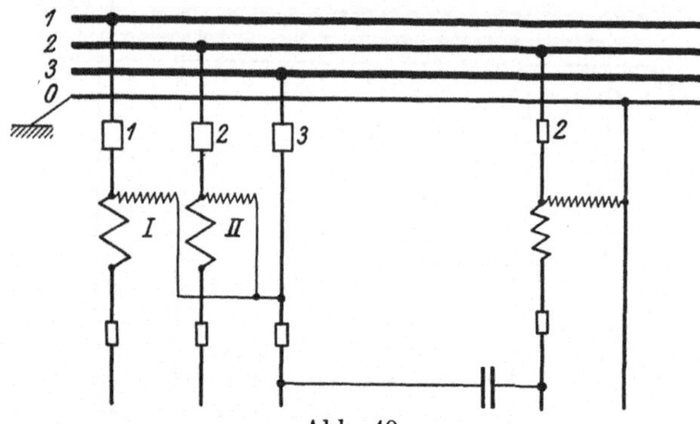

Abb. 49.

Fall 52: Kombination zwischen Drehstromzähler und an Phase 2 angeschlossenem Lichtzähler zwecks Rückstellens durch kapazitive Belastung.

striert, Gebrauch gemacht wird, um dessen Gang zu verlangsamen oder gar zu paralisieren (vgl. die in Abb. 48 punktiert eingezeichnete Spule).

Fall 52. Einfacher gestaltet sich der Fall hingegen, wenn Kondensatoren zur Verwendung gelangen (Abb. 49), was aber an und für sich nur äußerst selten vorkommen dürfte. Es trifft dann in analoger Weise das zu, was bezüglich Fall 50 bei Verwendung von induktiver Last gesagt wurde.

Fall 53. Bei Benutzung eines Transformators (Abb. 50) werden wieder beide Zähler beeinflußt, weil in den betreffenden Zählerzuleitungen gleichen Potentials beiderseitig Stromspulen liegen. Es sei dazu nur kurz bemerkt, daß hierbei der Drehstromzähler den 1,5 fachen Betrag des vom Lichtzähler restierten in positivem

Sinne aufnimmt, so daß die Schädigung, die das Werk gegebenenfalls so erleidet, im wesentlichen von dem Verhältnis, in dem die

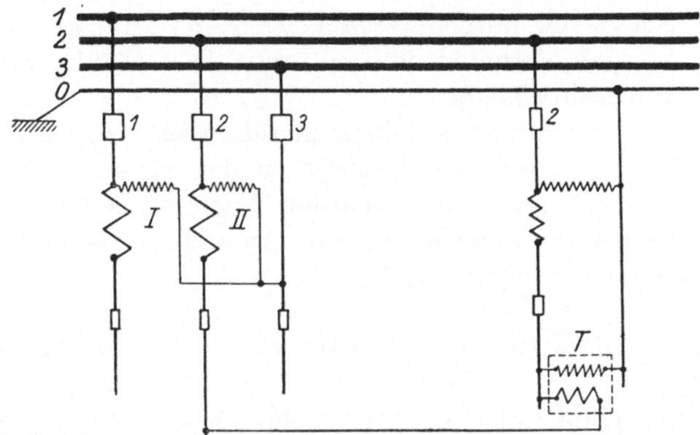

Abb. 50. **Fall 53:** Kombination zwischen Drehstromzähler und an Phase 2 angeschlossenem Lichtzähler zwecks Rückstellens mittels Transformators.

Tarife beider Zähler zueinander stehen, abhängt. Wäre z. B. die durch Vermittlung des Drehstromzählers abgegebene Energie halb

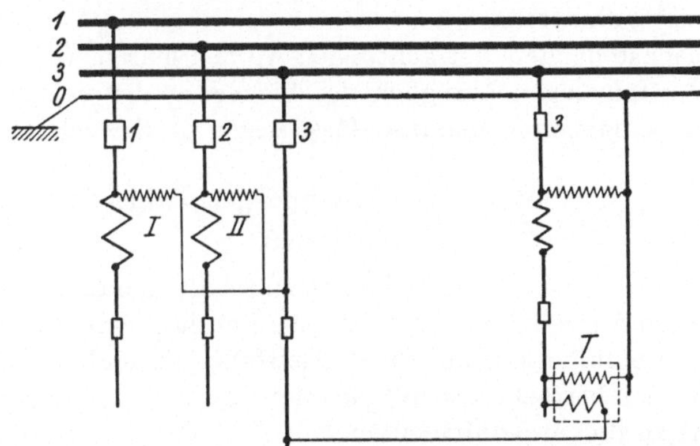

Abb. 51. **Fall 54:** Kombination zwischen Drehstromzähler und an Phase 3 angeschlossenem Lichtzähler zwecks Rückstellens mittels Transformators.

so teuer wie die über den Lichtzähler entnommene, so würde der dem Werk zugefügte Schaden 25% betragen.

Anschluß des Lichtzählers an Phase 3. Während bei induktiver Last (bzw. je nach Anschlußart bei kapazitiver Last) beide Zähler in ähnlicher Weise wie unter Fall 51 an der Messung teilnehmen, ist dagegen die Schädigung des Werks nunmehr **(Fall 54)**, besonders durch Transformatorschaltung nach Abb. 51 zu befürchten, da in der mitbenutzten Leitung des Drehstromzählers keine Stromspule enthalten ist und somit dieser Zähler von dem Vorgang unberührt bleibt.

Aus dem Vorstehenden erhellt immerhin, daß der Anschluß des Lichtzählers an Phase 2 im Vergleich zu den beiden andern Anschlußweisen jedenfalls die geringsten Nachteile aufweist[1]) und daher zweckmäßigerweise bei solchen Anschlüssen hierauf Rücksicht genommen werden sollte.

β) Anschluß des Lichtzählers an die verkettete
Spannung.

Wird der Lichtzähler anstatt an die Phasenspannung an die verkettete Spannung angeschlossen, so ist im Prinzip der Einsystemzähler sowohl in einpoliger als auch in zweipoliger Ausführung zulässig, da keine der beiden Anschlußleitungen geerdet ist. Ferner kann der Lichtzähler in Ausführung als Zweisystemzähler unter Herausführung zweier Hauptleitungen die verkettete Spannung vermitteln.

Die nachstehenden Betrachtungen werden lehren, wie sich jede dieser Ausführungen bezüglich der Sicherung der beiden gleichzeitig vorhandenen Zähleranschlüsse gegen Mißbrauch verhält.

1. Anwendung des einpoligen Zählers.
(Fall 55—68.)

Es empfiehlt sich, diesen Zähler so zu schalten, daß seine Stromspule in die Anschlußleitung der Phase 1 zu liegen kommt und die andere Anschlußleitung auf Phase 3 entfällt. Einmal ist der Lichtzähler an sich betrachtet so auf die relativ günstigste Art geschaltet (vgl. das zu diesem äquivalenten Fall 10 Gesagte). Sodann bietet ein Umgehen eines der beiden Systeme des Drehstromzählers über den Lichtzähleranschluß — was im übrigen stets nur bis zu der

---

¹) Dies trifft nicht nur im Hinblick auf den Lichtzähler, sondern auch bezüglich des Drehstromzählers zu, da selbst in dem Falle, daß Phase 2 des letzteren, durch die gleiche des ersteren, ohne daß dieser an der Energiemessung teilnähme, ersetzt werden könnte, nur das durchweg schwächer messende System II in Wegfall käme.

für letzteren maximal zulässigen Stromstärke erfolgen kann —
bei dieser Anschlußweise dem Abnehmer wenigstens nicht ohne
weiteres einen Vorteil.

Fall 55. Um zu bewerkstelligen, daß der Lichtzähler nicht an
der Messung der Energie teilnimmt, wenn — gemäß Abb. 52 —
seine Phasenleitung 1 als Ersatz der äquivalenten des Drehstrom-
anschlusses herangezogen wird, muß der erstere nach Belieben außer
Funktion gesetzt werden können, was allerdings zu erreichen ist,
indem Sicherung 3′ durchgeschlagen wird. Bezüglich des Drehstromzählers lassen sich die Folgen an Hand des früher über den

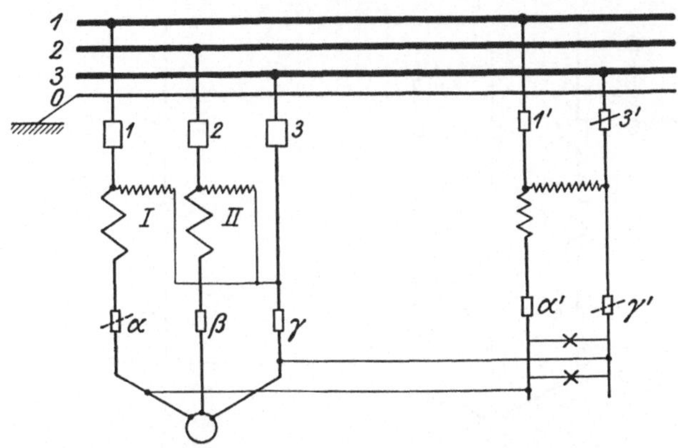

Abb. 52. **Fall 55:** Kombination zwischen Drehstromzähler und an die
verkettete Spannung angeschlossenem Lichtzähler mittels Sicherungsdurchschmelzung im Anschlusse des letzteren.

Wegfall des Systems I Gesagten ersehen. Es mag an dieser Stelle
angezeigt sein einzuschalten, daß der im Interesse der Drehstrom-
energiemessung hier besser scheinende Anschluß des Lichtzählers
an 2 und 3 (anstatt 1 und 3) damit nur das im allgemeinen schwächer
messende System II in Wegfall kommen könnte, deshalb nicht
angebracht ist, weil dann für den Lichtzähler an sich die un-
günstigeren, unter Fall 9 besprochenen Verhältnisse vorliegen. Die
Schaltungsweise an 3 und 2 würde hingegen den besondern Nachteil haben, daß ohne weiteres zwischen den Phasen 3 des Drehstromzählers und 2 des Lichtzählers die verkettete Spannung umsonst abgenommen werden könnte.

Die Registrierung der Lichtzählerbelastung, welch letztere durch

Verbindung über γ mit Leitung 3 weiter die gleiche verkettete Spannung hat, geht nur dann vor sich, wenn Sicherung γ′ festgeschraubt wird, wodurch der Abnehmer es in der Hand hat, den Zähler soviel wie ihm beliebt anzeigen zu lassen.

Fall 56. Es kann auch vorkommen, daß nur die letztgenannte, auf den Lichtzähler bezügliche Verschleierung des wahren Verbrauchs der elektrischen Energie verübt wird, in welchem Falle in Abb. 52 die Verbindungslinie zwischen α und α′ überflüssig ist, während sonst das gleiche gilt.

Fall 57. Wird nicht die Sicherung 3′, sondern 3 durchgeschlagen

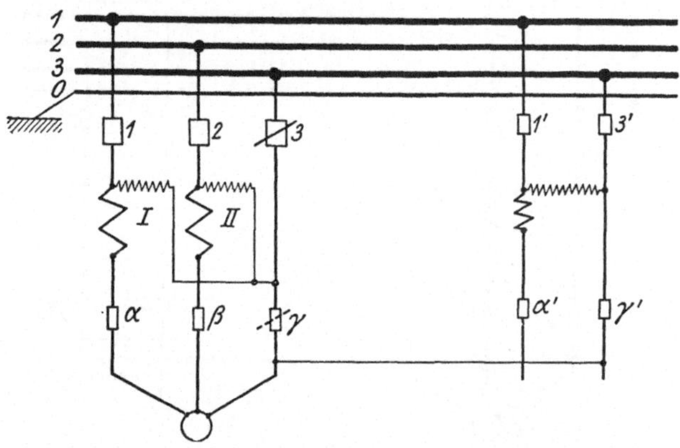

Abb. 53. **Fall 57:** Kombination zwischen Drehstromzähler und an die verkettete Spannung angeschlossenem Lichtzähler mittels Sicherungsdurchschmelzung im Anschlusse des ersteren.

(Abb. 53), so kann zunächst die Hintereinanderschaltung der Spannungsspulen der beiden Systeme des Drehstromzählers, ähnlich wie unter Fall 39 bemerkt, zur Schädigung des Werks führen, wobei die Phase 3 nunmehr über γ′ angeschlossen ist. Es würde danach aber überhaupt nur noch die für den Lichtanschluß zulässige Stromstärke entnommen werden können, da infolge Durchschlagens der Sicherung 3 die betreffende normale Drehstromleitung definitiv abgeschaltet ist.

Daß der Drehstromzähler nach — mittels der Sicherungen 3 und γ erfolgter — Abtrennung von Phase 3 seinen Charakter als solcher eingebüßt hat und im Prinzip zum Einsystemzähler degradiert worden ist, läßt sich unschwer erkennen. Auf den Lichtzähler bezogen, bleibt dabei zu berücksichtigen **(Fall 58)**, daß der letztere zu beliebigen Zeiten mittels Transformator über α zurückgestellt werden kann (Abb. 54), wobei der vierte Teil des im Lichtzähler restierten Energiewerts durch den andern Zähler positiv aufgenommen wird.

Die in elektrischer Energie gleichwertige Verschleierung ist übrigens auch direkt, währenddem der Lichtkonsum stattfindet, möglich, wenn die betreffende Beleuchtung zwischen γ′ und α (oder β) gespeist wird. Der Lichtzähler bleibt dabei passiv, während der vom Kraftzähler registrierte vierte Teil des wahren Ohmschen Ver-

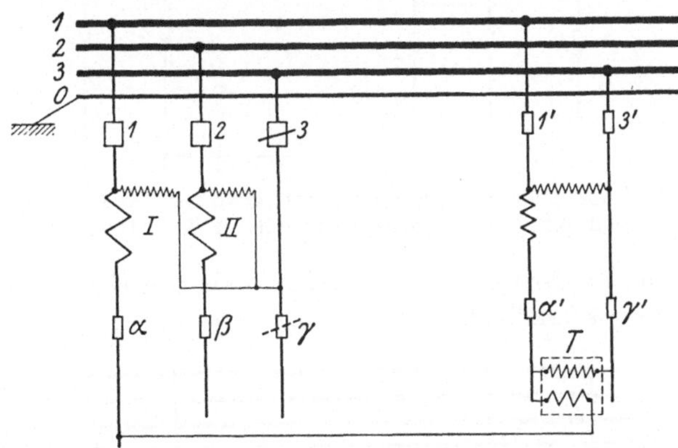

Abb. 54. **Fall 58:** Beeinflussung des Ganges beider Zähler mittels Transformators nach Sicherungsdurchschmelzung.

brauchs auch noch zu dem diesem entsprechenden, durchweg niedrigern Tarif zur Verrechnung kommt. Beiläufig sei ferner bemerkt, daß zwischen γ′ und α geschaltete induktive Belastung ($\varphi > 30^0$) den Kraftzähler in rückwärtigem Sinne, je nach dem Verhältnis der für beide Zähleranschlüsse zulässigen Stromstärken, stärker als im Fall 35 beeinflussen kann, da dort bei Schaltung gegen Erde erst für $\varphi > 60^0$ eine solche Beeinflussung eintritt.

Während die im vorstehenden verzeichneten Mißbräuche sich erst bewerkstelligen ließen, nachdem eine der Anschlußsicherungen durchgeschlagen worden war, ist an Hand von Abb. 55 und 56 **(Fall 59, 60)** zu ersehen, daß ohne Erfüllung dieser Voraussetzung bei der zugrunde liegenden Anschlußweise lediglich — mittels kapazitiver Belastung bzw. mit Hilfe eines Transformators — eine

Übertragung der von dem Lichtzähler gemessenen Beträge auf den Drehstromzähler stattfinden kann. Die damit gegebenenfalls

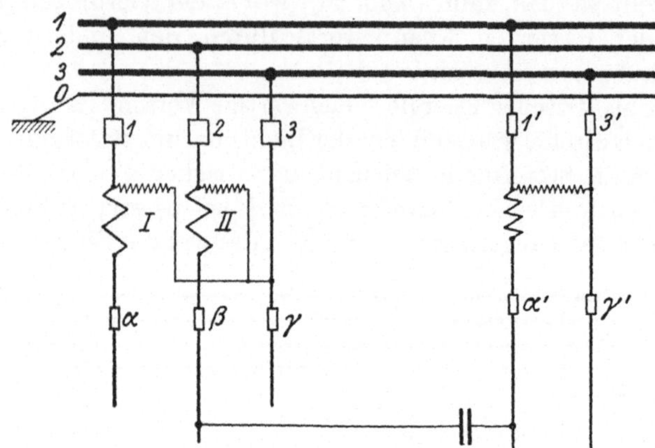

Abb. 55. **Fall 59:** Übertragung von Registrierwerten des Lichtzählers auf den Kraftzähler mittels kapazitiver Belastung.

verbundene, in Tarifgründen ihren Sitz habende Benachteiligung **(Fall 61)** ist schließlich (Abb. 57) bei Vorhandensein von zwei

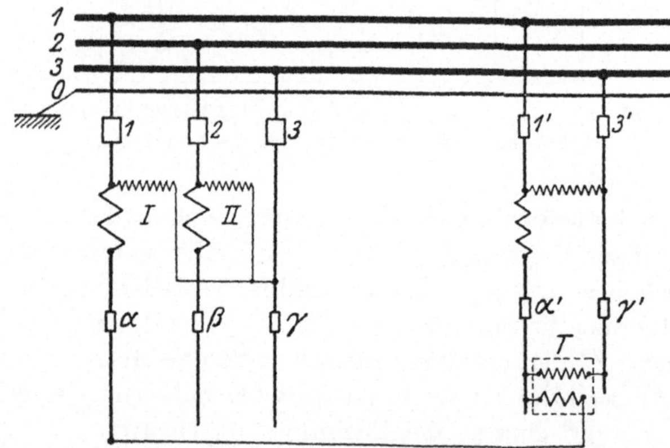

Abb. 56. **Fall 60:** Übertragung von Registrierwerten des Lichtzählers auf den Kraftzähler mittels Transformators.

Zählern auch auf direktem Wege allgemein möglich und stellt daher die vorgehend erwähnte Übertragung von Registrierwerten nur insofern eine etwas größere Gefährdung der Interessen des Werks dar, als jene zu gleich welcher Zeit erfolgen kann, wohingegen die soeben erwähnte Schaltungsabänderung (nach Abb. 57) während der Konsumzeit bestehen muß.

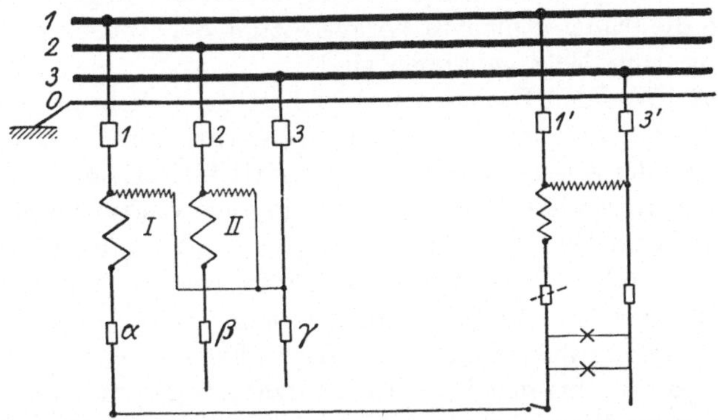

Abb. 57. **Fall 61:** Schaltungsabänderung zwecks direkter Entnahme der Energie für die Lichtanlage über den Drehstromzähler.

Wird der Lichtzähler nicht, wie bezüglich der Verwendung einpoliger Zähler oben empfohlen wurde, angeschlossen, sondern die Zuführungsleitungen — unter Beibehaltung der gleichen Phasen —

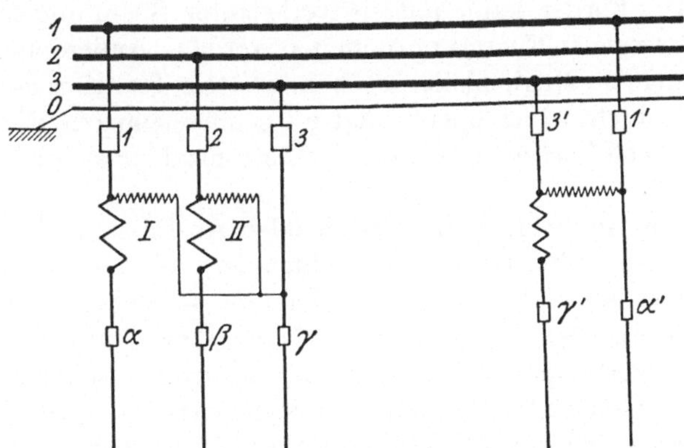

Abb. 58. **Fall 62—64:** Drehstromzähler und an die Spannung 3—1 angeschlossener einpoliger Zähler.

untereinander vertauscht, so ergibt sich das in Abb. 58 dargestellte Schema.

Ohne noch einmal ins einzelne alles nunmehr hier Zutreffende durchzugehen, seien in folgendem in kurzen Zügen unter Anlehnung an die letztgenannte Abbildung die wesentlichsten Punkte hervorgehoben, woraus ohne weiteres der nachteiligere Charakter dieser Anschlußweise erkannt werden kann, zumal die folgenden Fälle nicht an die früher gemachte Voraussetzung der Abtrennung einer Zuleitung vom Netz gebunden sind.

Fall 62. Was den Drehstromzähler betrifft, so kommt zunächst in Frage, daß sein System I umgangen wird unter ersatzweiser Benutzung des Anschlusses über α' (anstatt über α), d. h. genannter Zähler registriert nur entsprechend der Wirkungsweise des Systems II und der Lichtzähler bleibt von dem Vorgang unberührt.

Fall 63. Sodann kann ferner der Drehstromzähler durch Einwirken auf System I mittels Transformator über α und α' zurückgestellt werden, was, wenn auch dieser Fall — ebenso wie der vorige — an die Stromstärke des Lichtzählers gebunden ist, doch den besondern Nachteil hat, daß wegen der beliebig langen Dauer dieser Einwirkung die durch die Stromstärke gesetzte Beschränkung ihre Bedeutung einbüßen kann.

Bezüglich des Lichtzählers gilt bei dieser Anschlußweise einmal analog das unter Fall 9 Vermerkte, wonach ohnehin die letztere nicht als die geeignetere anzusprechen ist.

Fall 64. Ferner kann mittels verketteter Spannung zwischen α' und γ umsonst Energie entnommen werden. Außerdem ist aber hier wieder die Möglichkeit gegeben, mittels Transformator nunmehr den Lichtzähler über γ und γ' in umgekehrtem Richtungssinne zu beeinflussen, wobei der Drehstromzähler außer Wirkung bleibt.

Nachdem die beiden den vorstehenden Ausführungen zugrunde liegenden Anschlußweisen des Lichtzählers an die — im Drehstromzähler keine Stromspule enthaltene — Phase 3 genügend gekennzeichnet sind, um die Wahl zwischen ihnen im obigen Sinne zu begründen, soll noch eine der übrigen Anschlußmöglichkeiten herausgegriffen werden zum Nachweis, daß auch diese im Vergleich zu der zuerst befürworteten Anschlußart ausscheiden müssen.

Fall 65, 66. Bei der in Abb. 59 dargestellten Schaltung trifft bezüglich des Systems II des Drehstromzählers das gleiche zu, was unter Fall 62 und 63 betreffs des Systems I galt.

Fall 67. Ferner ist hier über γ und β' die verkettete Spannung umsonst zugänglich.

Fall 68. Daß außerdem der Lichtzähler mittels induktiver Last nicht nur gegen Erde, sondern in weit stärkerer Weise über γ (bereits bei $\varphi > 30^0$) zurückgestellt werden kann, ist einer der weiteren Nachteile dieser Anschlußart. Sucht man dies dadurch zu verhindern, daß man die Anschlußleitungen des Lichtzählers in Abb. 59 untereinander vertauscht, so ist allerdings der letzterwähnte Nachteil nur noch bei kapazitiver Last vorhanden, dafür würde sich aber — unter Fortbestehen des Falls 67 — der Fall 65 insofern noch ungünstiger gestalten, als jetzt das stärker messende System I umgangen werden kann.

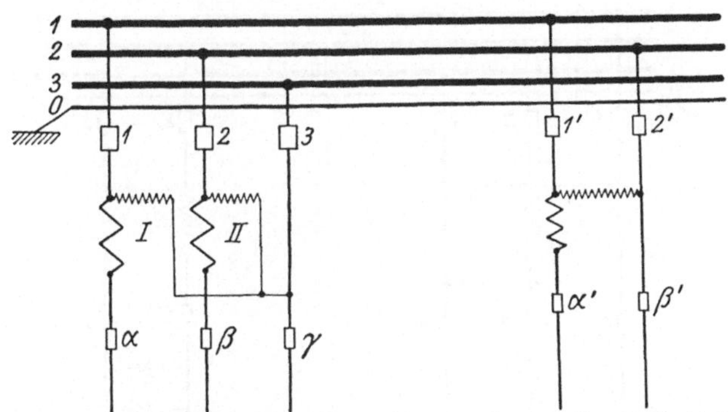

Abb. 59. **Fall 65—68:** Drehstromzähler und an die verkettete Spannung 1—2 angeschlossener einpoliger Zähler.

Jedenfalls dürften — ohne noch weitere Schaltungsmöglichkeiten heranziehen zu müssen — diese Hinweise zur Genüge dartun, daß die empfohlene Schaltungsweise als die relativ wenig nachteiligste anzusehen ist, insbesondere wenn man bedenkt, daß die Betrügereien in den Fällen 62—68 ohne Durchschlagung irgendeiner Anschlußsicherung verübt werden können.

2. Anwendung des zweipoligen Zählers.
(Fall 69—77.)

Es drängt sich nunmehr die Frage auf, ob unter den vorliegenden Umständen der zweipolige Einsystemzähler nicht eher am Platze wäre und wie er gegebenenfalls anzuschließen sei, um das Risiko für das Werk so gering wie möglich zu gestalten. Über das Für und Wider der Verwendung zweipoliger Zähler an sich bei den gegebenen Netzverhältnissen wurde früher (unter 4) ausführlich gesprochen, und es sei an dieser Stelle nur daran erinnert, daß seine Ausführung es mit sich bringt, daß er stets mittels Verbindung an Erde bzw. an den geerdeten Nullpunkt des Systems durch stark induktive Last ($\varphi > 60^0$) in rückwärtigem Sinne beeinflußt werden kann. Wenn trotzdem nachstehend auch von analogen Einwirkungen anderer Art die Rede sein wird, so hat dies vornehmlich seinen Grund darin, daß letztere mehr zu Befürchtungen Anlaß geben, weil sie in höherem Grad und somit in empfindlicherer Weise die gleiche Wirkung auslösen können, zumal durch die Ver-

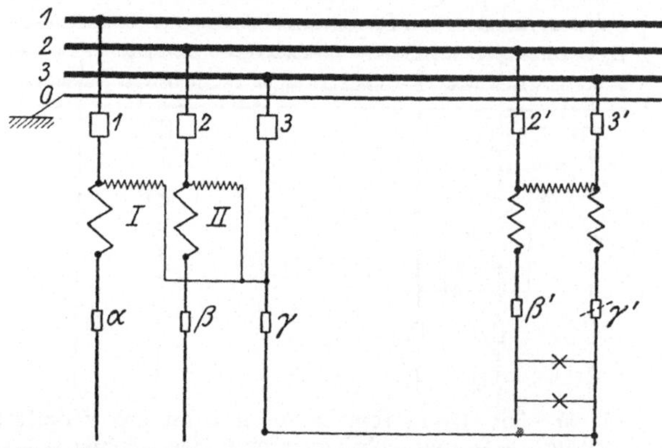

Abb. 60. **Fall 69:** Kombination zwischen Drehstromzähler und an die verkettete Spannung 2—3 angeschlossenem zweipoligen Zähler zwecks Verschleierung des halben über den letzteren entnommenen Energiebetrages.

knüpfung mit Drehstromzählern größere Wertbeträge auf dem Spiele stehen.

Der Anschluß des zweipoligen Zählers an das Netz läßt drei verschiedene Schaltungsweisen zu; die relativ wenigst nachteilige ist die, welche über 2 und 3 erfolgt. Daher soll zunächst hierfür dargetan werden, welche Art Mißbrauch dabei noch vorkommen kann, um, daran anknüpfend, die beiden andern Schaltungsweisen an 1 und 3 bzw. an 1 und 2 zu betrachten zwecks Nachweises der hiermit verbundenen, erheblich größeren Gefahr der Beeinträchtigung der Zählerangaben.

Eine direkte Beeinflussung des Drehstromzählers kommt hier nicht in Frage dagegen kann **(Fall 69),** zunächst (Abb. 60) der einseitig über den Drehstromzähler angeschlossene Verbrauch der

Lichtanlage infolge Umgehens der zwischen 3′ und γ′ gelegenen Stromspule des Lichtzählers zur Hälfte verschleiert werden, da der Drehstromzähler bei Verlauf des Stromes über γ nach 3 unbeeinflußt bleibt.

Fall 70. Wird der Mißbrauch in der durch Abb. 61 dargestellten Weise verübt, so nehmen beide Zähler an der Messung der in der Zweileiteranlage verbrauchten Energie teil; da aber E_{2-3} gegenüber E_{2-1} um 60⁰ verschoben ist, so registriert der Lichtzähler nur noch den halben Ohmschen Verbrauch wie vorher, also 25% des wahren Werts, wohingegen jetzt System I des Drehstromzählers

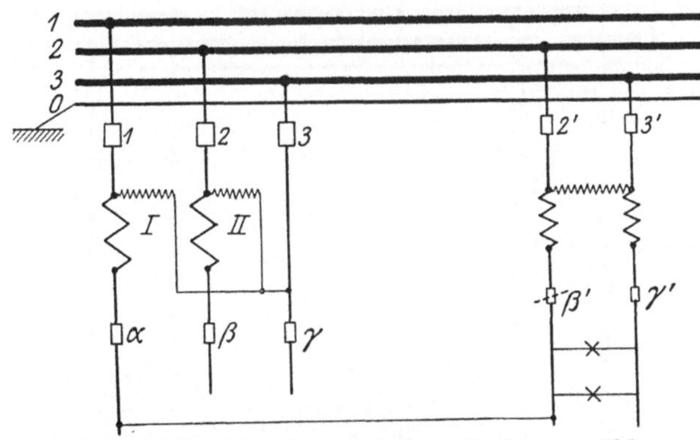

Abb. 61. **Fall 70:** Kombination zwischen Drehstromzähler und an die verkettete Spannung 2—3 angeschlossenem zweipoligen Zähler, wobei beide Zähler einen Teil des Energieverbrauchs registrieren.

50% aufnimmt. Wird beispielsweise die über diesen Zähler abgegebene Energie zum halben Preise wie die für Beleuchtung berechnet, so betrüge der dem Werke zugefügte Schaden insgesamt wieder 50% wie im Fall 69. Für andere Tarifverhältnisse wird die Höhe der Schädigung mehr oder weniger von diesem Prozentsatz in der einen oder andern Richtung abweichen.

Fall 71. In Abb. 62 ist die — auch hier mögliche — rückwärtige Beeinflussung des zweipoligen Zählers mittels Transformators illustriert. Eine solche Beeinflussung kann auch indirekt den Angaben des Drehstromzählers Abbruch tun, wenn z. B. der genannte Transformator zuvor dazu ausgenützt wird, über β—2—2′—β′ die Übertragung der Angaben des einen Zählers auf den andern zu bewerkstelligen oder aber, wenn bei Drehstromentnahme — bis zu der für den Lichtzähleranschluß zulässigen Stromstärke — anstatt β, β′ gewählt wird. Immerhin würde auf die letzte Art nur das — für motorische Last — schwächer messende System II des Drehstromzählers umgangen werden können, da das Potential 1 nur auf dem Wege über das System I zugänglich ist.

Fall 72. Die Umgehung des Systems II ist ebenfalls — bei der gleichen Einschränkung wie vor — möglich, wenn infolge Durchschlagens der Sicherung 3′ der Lichtzähler, analog wie früher erwähnt, beliebig außer Funktion gesetzt werden kann (Abb. 63).

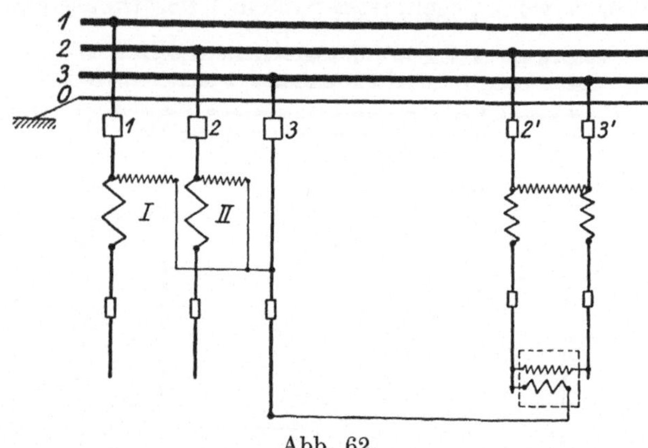

Abb. 62.

Fall 71: Kombination zwischen Drehstromzähler und an die verkettete Spannung 2—3 angeschlossenem zweipoligen Zähler mittels Transformators.

Der Verbrauch der Zweileiteranlage selbst wird daher auch nur dann registriert, wenn Sicherung γ′ festgeschraubt ist.

Fall 73. Eine weitere Mißbrauchsmöglichkeit, die allerdings nur dann in Betracht kommt, wenn der Abnehmer dauernd für Drehstromentnahme keine höhere Stromstärke beansprucht, als der Lichtanschluß zuläßt, besteht darin, daß in jedem Zähleranschluß je eine der Anschlußsicherungen durchgeschlagen wird (Abb. 64). Bezüglich der Registrierung der Drehstrombelastung gilt das gleiche wie unter Fall 39 vermerkt, insofern der Einsystemzähler sich infolge durchgeschlagener Sicherung 2′ und gelockerter Sicherung β′ inaktiv verhält. Der Verbrauch der Beleuchtungsanlage wird unter diesen Umständen nur mit 25% vom Drehstromzähler registriert, da die beiden Spannungsspulen des letzteren hintereinandergeschaltet liegen und ferner zwischen E_{2-1} und E_{2-3} eine Phasenverschiebung von 60^0 vorhanden ist. Dem so an sich

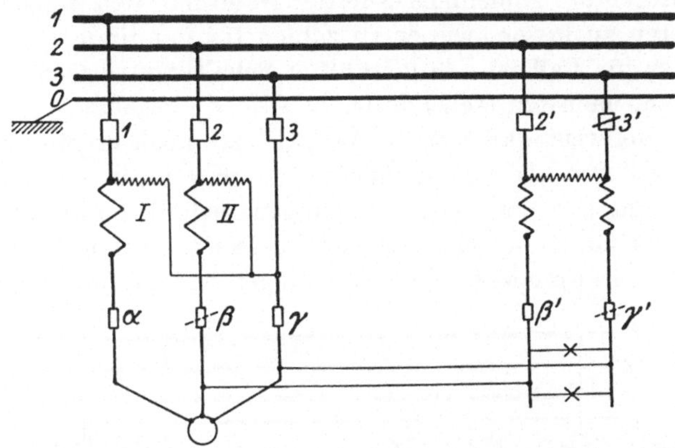

Abb. 63. **Fall 72:** Kombination zwischen Drehstromzähler und an die verkettete Spannung 2—3 angeschlossenem zweipoligen Zähler mittels Sicherungsdurchschmelzung im Anschluß des letzteren.

nur zum vierten Teil — und zwar über den Drehstromzähler — in Rechnung tretenden Lichtverbrauch liegt überdies noch der — im

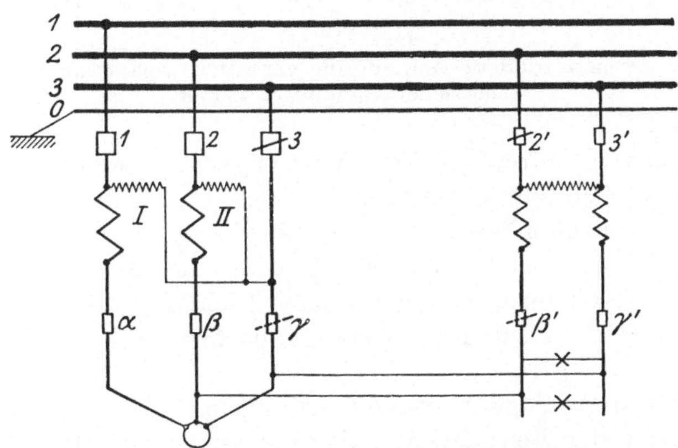

Abb. 64. **Fall 73:** Kombination zwischen Drehstromzähler und an die verkettete Spannung 2—3 angeschlossenem zweipoligen Zähler mittels Sicherungsdurchschmelzung in den Anschlüssen beider Zähler.

allgemeinen erheblich niedrigere — Krafttarif zugrunde, wodurch die dem Werk zugefügte Schädigung um so erheblicher sein kann.

Bei Festschrauben der Sicherung β' nimmt der Einsystemzähler zu 50% an der Messung des Verbrauchs der zugehörigen Anlage teil, wodurch der Abnehmer es in der Hand hat, den Zähler soviel registrieren zu lassen, wie er zu zahlen für gut findet.

Die der für Fall 69—73 gewählten Schaltungsweise des Lichtzählers am nächsten stehende ist in Abb. 65 gegeben.

Zum Nachweis, daß hier die Verhältnisse noch ungünstiger für das Werk liegen als vorher, möge es — ohne in die Besprechung der Einzelfälle einzutreten — genügen, lediglich darauf hinzuweisen, daß nunmehr sogar das stark messende System I des Drehstromzählers in analoger Weise umgangen werden kann, während

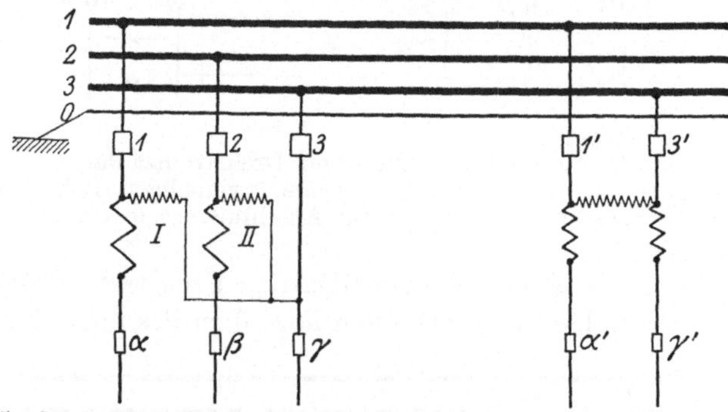

Abb. 65. Drehstromzähler und an die verkettete Spannung 1—3 angeschlossener zweipoliger Zähler.

im übrigen gleichwertige Verschleierungen des wirklichen Verbrauchs zu befürchten bleiben.

Die dritte noch mögliche Schaltungsweise des zweipoligen Lichtzählers ist in Abb. 66 vorgesehen. Sie ist als die nachteiligste unter ihnen zu bezeichnen, wie durch Kennzeichnung der hauptsächlichsten mit ihr verbundenen Gefahren nachstehend kurz dargetan sein soll.

Fall 74. In Analogie zu Fall 69, bei welchem 50% des wirklichen Verbrauchs der Beleuchtungsanlage registriert wurden, wird in vorliegendem Fall nur 25% gemessen (siehe Abb. 66), da außer der Umgehung einer der beiden Stromspulen des zweipoligen Zählers noch die Phasenverschiebung von 60° zwischen E_{1-2} und E_{1-3} hinzutritt.

Fall 75. Der Drehstromzähler kann in rückwärtigem Sinne

mittels induktiver Belastung ($\varphi > 30^0$) — u. a. durch leerlaufen-
den Motor — beeinflußt werden, wie aus Abb. 67 hervorgeht. Um

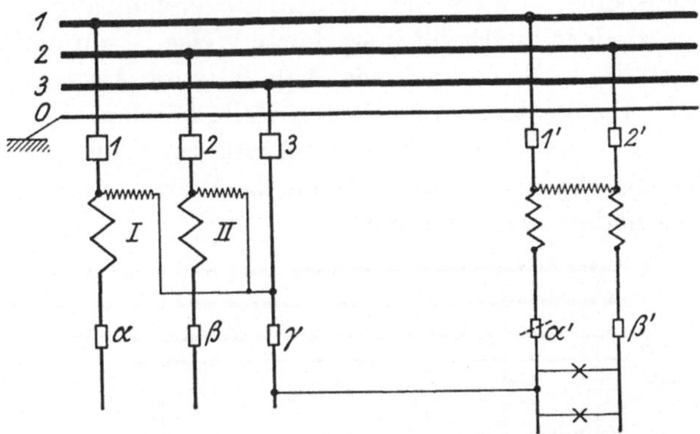

Abb. 66. **Fall 74:** Kombination zwischen Drehstromzähler und an die
verkettete Spannung 1—2 angeschlossenem zweipoligen Zähler, wobei 75%
des über den letzteren entnommenen Energiebetrags verschleiert werden.

so größer die Phasenverschiebung ist, desto stärker ist mithin diese
Wirkung und um so weniger registriert der gleichzeitig im positiven

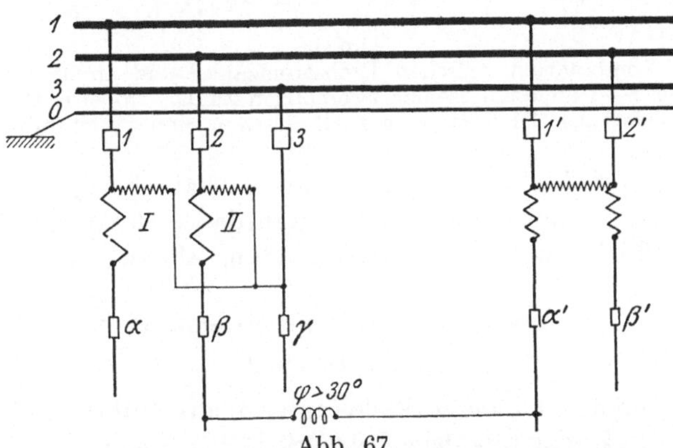

Abb. 67.

Fall 75: Kombination zwischen Drehstromzähler und an die verkettete
Spannung 1—2 angeschlossenem zweipoligen Zähler, wobei mittels induktiver Belastung der erstere in rückwärtigem Sinne beeinflußt wird.

Sinne zählende Lichtzähler, welcher im theoretischen Extremfalle
für $\varphi = 90^0$ stehen bleiben würde, während der Drehstromzähler
dann den stärksten Rückwärtsgang aufwiese.

Daß im übrigen auch an und für sich der positive Gang des Lichtzählers nicht abschreckend wirkt **(Fall 76)**, liegt daran, daß der letztere selbst — nicht nur wie früher bei Schaltung gegen Erde erläutert, sondern in erheblich stärkerer Weise — auf einfache Art zurückgestellt werden kann, wie Abb. 68 zum Ausdruck bringt.

Fall 77. Die beiden vorgenannten Fälle können auch gleichzeitig — z. B. zur Nachtzeit — zur Ausführung kommen, so daß, ohne bleibende Spuren zu hinterlassen, das Werk in empfindlichster Weise geschädigt werden kann.

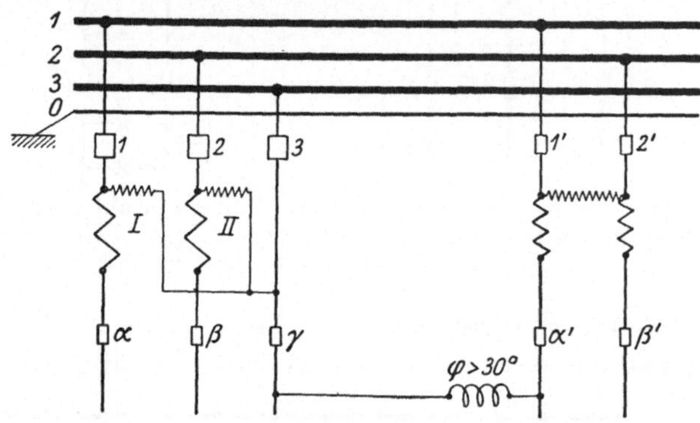

Abb. 68.

Fall 76: Kombination zwischen Drehstromzähler und an die verkettete Spannung 1—2 angeschlossenem zweipoligen Zähler, wobei mittels induktiver Belastung der letztere in rückwärtigem Sinne beeinflußt wird.

Es erübrigt sich hiernach, noch weitere Fälle bezüglich der angenommenen Schaltungsart aufzuführen, da das Gesagte bei weitem genügen dürfte, um von ihrer Anwendung abzusehen.

3. Anwendung des Zweisystemzählers.

(Fall 78—81.)

Es ist bereits an anderer Stelle (unter 5) ausgeführt worden, daß an sich die Zweileiteranlage bei verketteter Spannung erheblich an Sicherheit gewinnt, wenn sie über einen Zweisystemzähler (nach Abb. 26) ans Netz angeschlossen wird.

Auch unter den vorliegenden Verhältnissen lassen sich bei Verwendung dieser Zählertype die Möglichkeiten mißbräuchlicher Kombinationen zwischen beiden Anlagen entsprechend der gewählten Anschlußweise mehr oder weniger einschränken.

Es kommen wie beim zweipoligen Einsystemzähler drei verschiedene Anschlußarten in Betracht, je nachdem an welche Phase die beiden Hauptleitungen des als Zweisystemzähler ausgeführten Lichtzählers angeschlossen sind.

Anschluß des Lichtzählers an 1 und 2 (Abb. 69). Was Beeinträchtigungen des Kraftzählers A anbetrifft **(Fall 78)**, so besteht zunächst die Möglichkeit, daß bis zu der für den Lichtanschluß maximal zulässigen Stromstärke anstatt der Leitung α diejenige α' herangezogen wird. Damit tritt das Meßsystem I des Zählers A außer Wirkung, während das gleiche des Zählers B — bei sym-

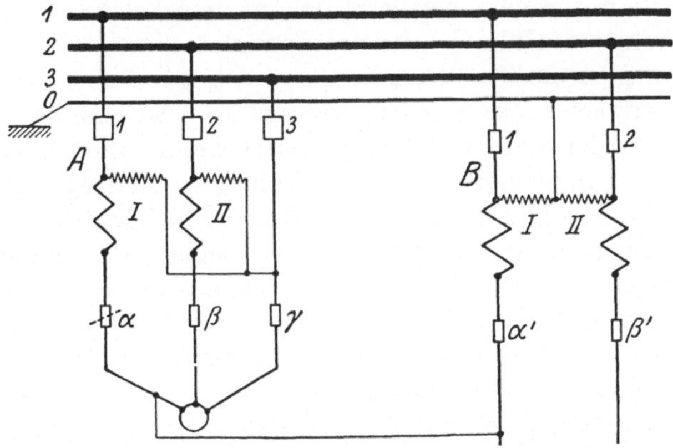

Abb. 69. **Fall 78:** Kombination zwischen Drehstromzähler und dem die verkettete Spannung 1—2 vermittelnden Zweisystemzähler zwecks Beeinträchtigung der Meßfunktionen des ersteren.

metrischer Drehstromlast — den auf eine Phase entfallenden Betrag, d. h. den dritten Teil des wirklichen Energieverbrauchs registriert.

Es ist bei der Besprechung des Drehstromzählers ausführlich gezeigt worden, welcher Anteil an der Messung jedem seiner beiden Systeme je nach dem Phasenwinkel der Belastung zufällt, so daß die durch den Wegfall eines Systems sich ergebenden Folgen, den jeweiligen Belastungsverhältnissen entsprechend, leicht ermessen werden können. Daher sei hier nur kurz ein Beispiel für den runden Wert cos $\varphi = 0{,}5$ angeführt (u. a. durch nur mäßig belasteten Kleinmotor gegeben), wobei die Annahme gemacht werde, daß über den Lichtzähler die Kilowattstunde zum doppelten Preise wie über den Kraftzähler abgegeben werde. Letzterer bleibt stehen, da $\varphi = 60^0$ und für den Meßvorgang die Beziehung gilt:

$$P_{AII}{}' = E_{2-3}\ J_{2-0}\cos{(\varphi + 30)} = 0.$$

Da aber anderseits der Lichtzähler den dritten Teil der wirklichen Energie registriert und diese doppelt so teuer in Anrechnung kommt als über den Kraftzähler, so beläuft sich die eigentliche Schädigung des Werks hierbei auf $33\frac{1}{3}\%$.

Aus der Formel für $P_{AII}{}'$ ersieht man übrigens auch sofort, daß für $\cos\varphi < 0{,}5$ die Benachteiligung, die das Werk erleidet, sich um den Betrag erhöht, den jetzt der im umgekehrten Sinne laufende Drehstromzähler negativ registriert.

Sodann gibt die vorstehende Beziehung auch eine der Spielarten zu erkennen, bei welchen, währenddem der eine Zähler vorwärts läuft, der andere rückwärts laufen kann. Dieser Umstand sowie der vorstehende Fall 78 erhalten insofern größere Bedeutung, als der Lichtzähler **(Fall 79)** sogar gleichzeitig, während er aus den vorerwähnten Gründen positiv zu registrieren hätte, im rückwärtigen Sinne beeinflußt werden kann, indem zwischen α' und γ eine induktive Belastung von $\varphi > 60^0$ geschaltet wird, so daß die positive Einwirkung auf diesen Zähler wieder ganz oder zum Teil aufgehoben werden kann.

Auch unabhängig von Fall 78 stellt Fall 79 natürlich eine direkte Gefahr für den früher — ohne Vorhandensein des Drehstromzählers — völlig einwandfreien Zweisystemlichtzähler dar, sei es, daß seine Angaben nachträglich reduziert werden, oder auch, daß während der Zeit des Verbrauchs in der Lichtanlage eine entsprechend geschaltete Spule auf den positiven Gang des Zählers verzögernd bzw. paralysierend wirkt.

Fall 80. Es bleibt ferner noch besonders zu bedenken, daß jetzt auch ohne Zuhilfenahme induktiver Belastungen betrügerische Schaltungen zum Nachteile der Angaben des Lichtzählers in einfachster Weise vorgenommen werden können, wie z. B. Abb. 70 veranschaulicht. Der Ohmsche Verbrauch wird hierbei nur zur Hälfte registriert, denn er ist:

$$P_{BII}{}' = E_{2-0}\ J_{2-3}\cos 30 = \tfrac{1}{2}\,E_{2-3}\ J_{2-3}.$$

Anschluß des Lichtzählers an Phase 1 und 3 (Abb. 71). Diese Schaltungsart weist gegenüber der vorigen keine neuen Momente auf, denn das diesbezüglich Gesagte baute sich, soweit Fall 78 und 79 in Frage kommen, auf die Mitbenutzung des Systems I des

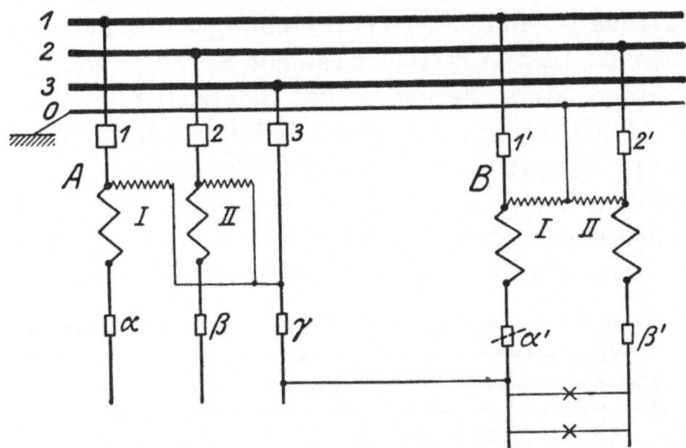

Abb. 70. **Fall 80:** Kombination zwischen Drehstromzähler und dem die verkettete Spannung 1—2 vermittelnden Zweisystemzähler, wobei von letzterem der Ohmsche Verbrauch nur zur Hälfte registriert wird.

Zählers B auf, welches auch bei der vorliegenden Schaltung ebenso gelegen ist. Auch das betreffs Fall 80 Vermerkte trifft sinngemäß

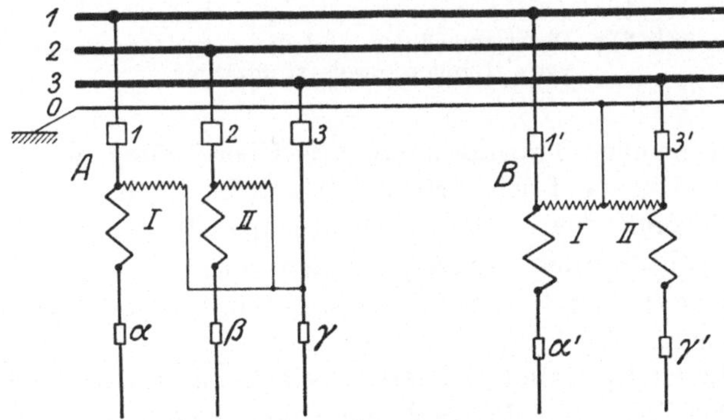

Abb. 71. Drehstromzähler und die verkettete Spannung 1—3 vermittelnder Zweisystemzähler.

hier zu, wenn man sich jetzt die Ohmsche Last zwischen α' und γ geschaltet denkt.

Anschluß des Lichtzählers an Phase 2 und 3 (Abb. 72). Diese
dritte noch mögliche Schaltungsweise ist für das Werk insofern
von Vorteil, als hierbei die Hauptleitung 1 nur über den Kraftzähler gegeben ist und daher bei dreiphasiger Anschaltung das —
bei motorischer Last — stärker messende System I keinesfalls umgangen werden kann. Ferner ist der Lichtzähler über Leitung 3
des Kraftzählers nicht mehr durch induktive Last rückwärtiger
Einwirkung ausgesetzt. Eine ähnliche Beeinflussung ist hier —
wenn man von der praktisch sehr abseits liegenden Verwendung
von Kondensatoren absieht — **(Fall 81)** höchstens mittels Transformatoren (zwischen γ' und γ) möglich. Allerdings könnte u. a.

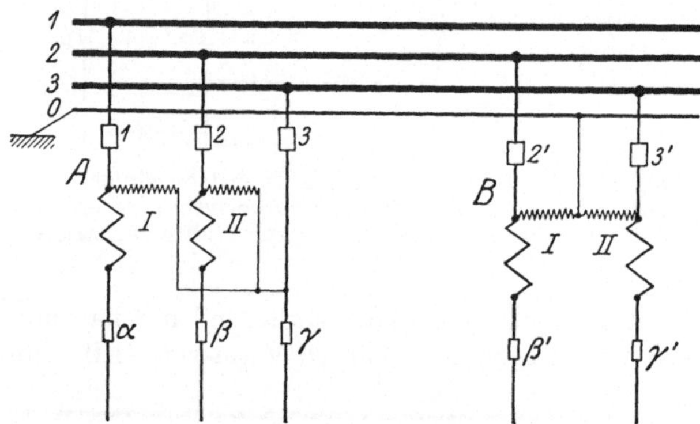

Abb. 72. **Fall 81:** Drehstromzähler und die verkettete Spannung 2—3
vermittelnder Zweisystemzähler.

mit dem gleichen Transformator eine Übertragung der Angaben
des Kraftzählers auf den zurückstellbaren Lichtzähler stattfinden.
Immerhin muß aber ein Transformator dem Betrugszwecke dien-
lich gemacht werden, während in den vorhergegangenen Fällen
gegebenenfalls bereits vorhandene Motoren dazu Verwendung finden können.

Aus diesen Erwägungen heraus erscheint es geboten, dem Anschluß des Zählers an Phase 2 und 3 den Vorzug zu geben.

Hinsichtlich direkter Energieentnehme für die Lichtanlage besteht auch hier wie im Fall 80 die gleichartige Gefahr, daß das Werk
um 50% in seiner Einnahme geschädigt werde, so daß in dieser
Beziehung die letztbesprochene Anschlußweise den andern nicht
überlegen ist.

Es kommt auch vor, daß sowohl für Kraft wie für Licht je ein Drehstromzähler zur Vermittlung der drei Phasen für beide Anschlüsse verwandt wird. Alles darauf Bezügliche ist jedoch bereits in 7b als zu den Kombinationen zwischen zwei benachbarten Drehstromzählern gehörend behandelt worden.

8. Drehstromanschluß über Dreisystemzähler.

a) Der Zähler an sich.

(Fall 82—83.)

In der Einleitung ist bereits hervorgehoben worden, daß im wesentlichen betrügerischen Absichten dadurch Vorschub geleistet wird, daß aus Sparsamkeitsgründen der an jener Stelle formulierten Grundregel nicht Rechnung getragen wird, welche die Verwendung von Zählern erfordert, deren Systemzahl nur um eins kleiner ist als die Anzahl der zur Verfügung stehenden verschiedenen Potentiale des Netzes.

Die Wahl von Dreisystemzählern schenkt dieser Regel, den vorliegenden Netzverhältnissen entsprechend, strikte Berücksichtigung, indem auch allgemein das — vierte, infolge Erdung zugängliche — Nullpunktpotential des Netzsystems gebührend mit in Betracht gezogen wird.

Es liegt natürlich auf der Hand, daß die technisch hochwertigere Type auch erheblich teurer ist als der ihm an Güte zunächststehende Zweisystemzähler (der seinerseits wieder dem Drehstromzähler mit nur einem messenden System noch in weit höherem Maße überlegen ist, wie aus Abschnitt 6 zu ersehen war), doch sollten die Mehrausgaben dafür nur als Funktion der Gesamtkosten des betreffenden vollständigen Anschlusses an das Netz bewertet werden, wobei jene erheblich weniger ins Gewicht fallen.

Erwägt man ferner, daß die an und für sich durchweg verhältnismäßig weniger zahlreichen Drehstromanschlüsse größere Konsumziffern betreffen und damit ganz von selbst erhöhte Gewähr auf Zuverlässigkeit beanspruchen müssen, so erscheint es geboten, zunächst der Verwendung von Dreisystemzählern hier das Wort zu reden, um damit mit einem Schlage fast sämtlichen Verschleierungen des wirklichen Energieverbrauchs den Boden zu entziehen. Die auch hierbei noch möglich bleibenden Fälle von Mißbrauch beschränken sich im wesentlichen auf derartige, die nur durch Unachtsamkeit des Werks der Entdeckung entgehen. Nachstehend seien davon solche erwähnt, die ihrem Charakter nach in den Rahmen dieses Buches gehören.

Fall 82. Kann der Abnehmer sich zeitweilig Zugang zu einer der Anschlußleitungen des Zählers verschaffen (Abb. 73), so läßt sich der letztere — analog wie unter Fall 4 besprochen — in rückwärtigem Sinne beeinflussen; ist es durch geeignete Konstruktion unmöglich gemacht, daß das Zählwerk in umgekehrter Richtung funktionieren kann, so könnte lediglich Verringerung bzw. Paralysierung des positiven Zählergangs während der Betriebszeit vorkommen.

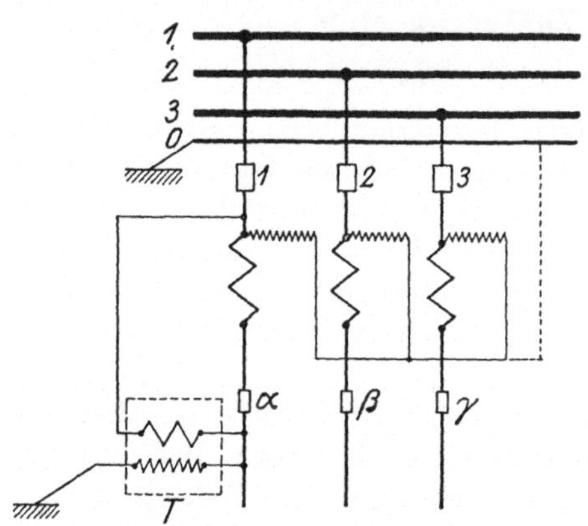

Abb. 73. **Fall 82:** Beeinflussung des Dreisystemzählers in rückwärtigem Sinne mittels Transformators.

Fall 83. Eine Beeinträchtigung des Zählers durch Alterierung von Spannungszweigen (in ähnlicher Weise wie in Fall 24 erwähnt) kann nur dann unaufgedeckt bleiben, wenn es nach Neueinsetzen von Sicherungen unterlassen wird, den Zähler nachzuprüfen. Diese Vorschrift sollte aber stets in möglichst gründlicher Weise den jeweiligen Umständen gemäß geübt werden.

b) Kombination zwischen Drehstromzähler und Lichtzähler.

α) Anschluß des Lichtzählers an die Phasenspannung.
(Fall 84—86.)

Früher wurde schon darauf hingewiesen, daß für den Lichtzähler hier nur die einpolige Ausführung in Frage kommen kann, da sonst in der geerdeten Nulleitung eine Stromspule zu liegen käme.

Mit dem Vorhandensein des einpoligen, ordnungsgemäß angeschlossenen Zählers ist keine weitere Gefahr für die Drehstromanlage verknüpft, soweit man von der einfachen Übertragung von Angaben des Lichtzählers auf den Kraftzähler, als gleichwertig mit der nie zu verhindernden direkten Entnahme von Energie zu Lichtzwecken über den letzteren Zähler, absieht.

Fall 84. Gelingt es dem Abnehmer dagegen, einen auch nur einmaligen Eingriff in den Anschluß des Lichtzählers zu bewerkstelligen (Abb. 74), wodurch er es — z. B. durch Kontaktlockerung in der Nulleiterzuführung zum Zähler — erreicht, daß er den Spannungskreis des Zählers nach Belieben von seiner Anlage aus ein- und ausschalten und damit den Zähler selbst willkürlich außer

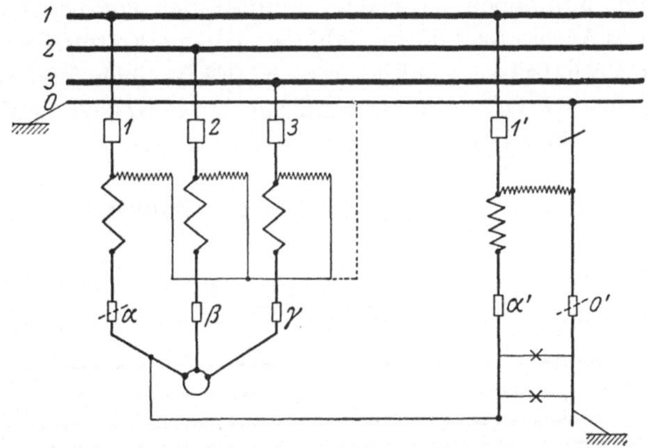

Abb. 74. **Fall 84:** Kombination zwischen Dreisystemzähler und Einphasenzähler bei Abtrennung des Nulleiteranschlusses von letzterem.

Wirkung setzen kann, so hat dies zur Folge, daß einmal — wenn auch bei beschränkter Stromstärke — die betreffende Phase zu Drehstromspeisungen an Stelle derjenigen ihr äquivalenten über den Drehstromzähler gegebenen gratis mitgenutzt werden kann, wodurch das Werk z. B. bei symmetrischer Belastung um den dritten Teil des wirklichen Energiewertes geschädigt würde.

Fall 85. Sodann wäre auch der Drehstromzähler mittels Transformators über α' und α oder durch induktive Last ($\varphi > 60^0$) zwischen β und α' in rückwärtigem Sinne zu beeinflussen **(Fall 86)**, während der außer Wirkung gesetzte Lichtzähler von diesem Vorgang unberührt bliebe.

Die Angaben des Lichtzählers selbst unterlägen natürlich auch der Willkür des Abnehmers, wie unter Fall 1 gezeigt wurde.

β) Anschluß des Lichtzählers an die verkettete Spannung.

Es versteht sich von selbst, daß bei Verwendung des Dreisystemzählers zur erhöhten Sicherheit der wirtschaftlichen Interessen des Werks mit ganz besonderer Sorgfalt darauf geachtet werden muß, daß jene Hochwertigkeit nicht durch anderweitig in der Anlage offenstehende Hintertüren illusorisch gemacht werden kann.

Wie vorher gezeigt wurde, genügt es, bei Anschluß des Lichtzählers an die Phasenspannung versteckte Eingriffe in die Zählerzuleitungen unmöglich zu machen; unter der vorliegenden Bedingung des Anschlusses dieses Zählers an die verkettete Spannung liegen die Verhältnisse nicht so einfach. Es ist auch jetzt wieder, wie in Abschnitt 7c β, die Verwendung der einzelnen Zählerausführungen nacheinander ins Auge zu fassen.

1. Anwendung des einpoligen Zählers.
(Fall 87—91.)

Bei gleichwelcher Anschlußweise ist hier stets eine der beiden Zuleitungen ungeschützt **(Fall 87)**. Es kann daher — wie z. B.

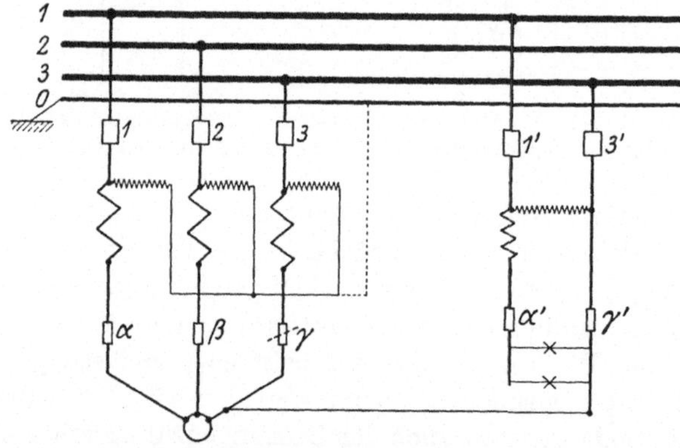

Abb. 75. **Fall 87:** Kombination zwischen Dreisystemzähler und an die verkettete Spannung angeschlossenem einpoligen Zähler unter Umgehung der Phasenleitung 3 des ersteren.

Abb. 75 darstellt — eine der Phasen des Drehstromzählers umgangen werden, was die unter Fall 84 vermerkte Benachteiligung des Werks im Gefolge hat.

Fall 88, 89. Ferner läßt sich über γ und γ' durch Transformatorenanwendung oder mittels zwischen α und γ' geschalteter induktiver Last ($\varphi > 60^0$) der Drehstromzähler rückwärtig beeinflussen **(Fall 90).** Diese Möglichkeit kann auch indirekt den registrierten Werten des — bei der gewählten Schaltungsweise induktiv nicht zum Nachteile des Werks zu beeinflussenden — Lichtzählers zum Schaden gereichen, wenn seine Angaben auf den rückstellbaren Drehstromzähler mittels eines sekundär zwischen α und α' und primär zwischen α' und γ' geschalteten Transformators übertragen werden.

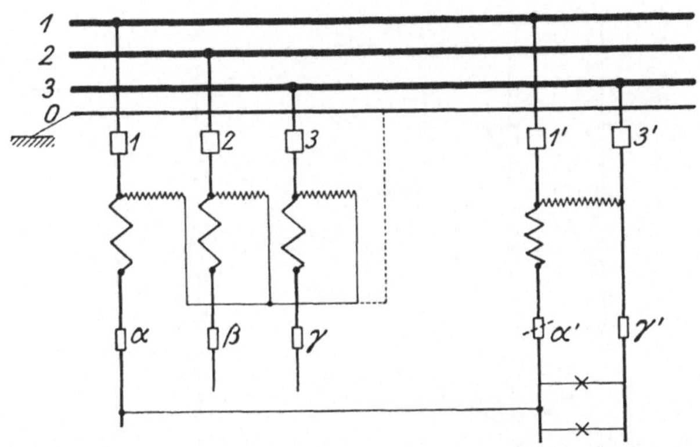

Abb. 76. **Fall 91:** Kombination zwischen Dreisystemzähler und an die verkettete Spannung angeschlossenem einpoligen Zähler zwecks Verschleierung des halben Verbrauches der zu letzterem gehörigen Lichtanlage.

Fall 91. Es steht ferner auch zu befürchten, daß eine direkte Verschleierung des Verbrauchs der Beleuchtungsanlage stattfindet, indem diese zeitweilig — ganz oder zum Teil — in der durch Abb. 76 angedeuteten Weise geschaltet wird. Dabei registriert der Lichtzähler nichts und der Kraftzähler (zum ermäßigten Tarif) nur den halben wirklichen Verbrauch gemäß der für $\varphi = 0$ sich ergebenden Beziehung:

$$P_I' = E_{1-0}\ J_{1-3} \cos 30 = \tfrac{1}{2} E_{1-3}\ J_{1-3}.$$

Diese Hinweise mögen genügen, um darzutun, daß die Verwendung des einpoligen Zählers bei gleichwelcher Schaltungsweise unter den vorliegenden Umständen nicht zu empfehlen ist.

2. Anwendung des zweipoligen Zählers.
(Fall 92—97.)

Während beim einpoligen Zähler eine Leitung ungeschützt ans Netz angeschlossen ist, enthalten bekanntlich beim zweipoligen Zähler beide Zuleitungen Stromspulen, so daß dieser Zähler allerdings nicht ohne weiteres außer Aktion bleiben kann, wenn nur über eine seiner Leitungen Strom geleitet wird.

Der unredliche Abnehmer kann jedoch unschwer zu den gleichen Resultaten wie beim einpoligen Zähler kommen **(Fall 92)**, wenn er (Abb. 77) Sicherung 1′ durchschlägt und damit den Lichtzähler

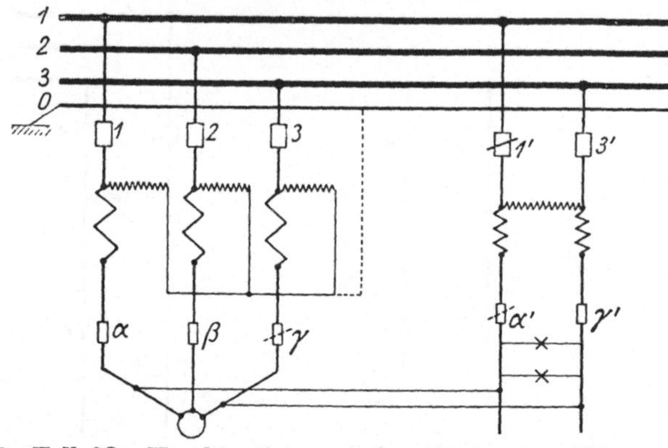

Abb. 77. **Fall 92:** Kombination zwischen Dreisystemzähler und an die verkettete Spannung angeschlossenem zweipoligen Zähler mittels Sicherungsdurchschmelzung.

einseitig vom Netz abschaltet. Die vorausgegangenen, auf Fall 88, 89 bezogenen Bemerkungen hinsichtlich rückwärtiger Beeinflussung **(Fall 93, 94)** treffen damit auch hier ohne weiteres zu. Zur Speisung seiner Beleuchtung bleibt ihm dann freilich nur übrig, die Drehstromanlage zu Hilfe zu ziehen, wie die in der Abbildung zu Fall 92 eingezeichnete Verbindungslinie α α′ veranschaulicht. Auf diese ist er ferner unbedingt angewiesen, damit der Zähler zeitweilig — bei festgeschraubter Sicherung α′ — überhaupt Verbrauch registriert.

Es sei schließlich noch erwähnt, daß auch ohne Durchschlagen einer der Anschlußsicherungen Betrügereien vorkommen können, und zwar sind zunächst bezüglich des Drehstromzählers folgende zwei Fälle in Betracht zu ziehen:

Fall 95. In ähnlicher Weise wie früher ausgeführt, kann bei Transformatorenanwendung über die Leitungen gleichen Potentials beider Zähler der Drehstromzähler in negativem und der Lichtzähler in positivem Sinne beeinflußt werden, was insofern praktische Bedeutung hat, als auf den letzteren gemäß Fall 18 — unabhängig vom Drehstromzähler — wiederum in umgekehrter Richtung eingewirkt werden kann, so daß als eigentliches Resultat der vom Drehstromzähler abgezogene Wert als Verlustziffer für das Werk verbleibt.

Fall 96. Anstatt Transformatorbenutzung kann, analog zu

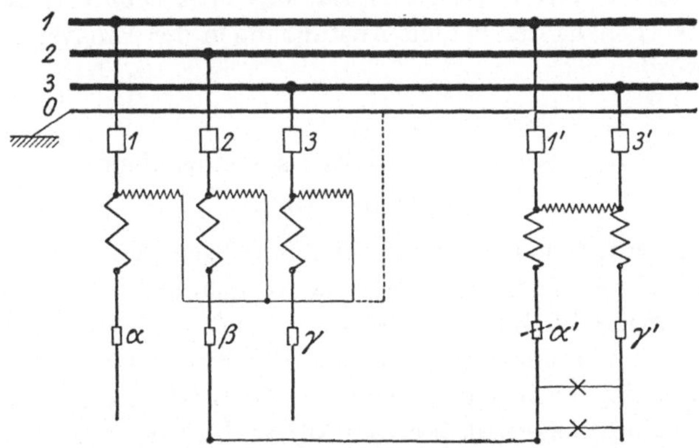

Abb. 78. **Fall 97:** Kombination zwischen Dreisystemzähler und an die verkettete Spannung angeschlossenem zweipoligen Zähler ohne Sicherungsdurchschmelzung.

Fall 89, die Verwendung von zwischen zwei Leitungen — geeigneten verschiedenen Potentials — geschalteter induktiver Last, deren Phasenwinkel größer als 60^0 ist, zum selben Ziele führen, wobei im übrigen das zum vorhergehenden Fall Gesagte in gleichem Sinne gilt.

Fall 97. Eine Benachteiligung der Lichtzählerangaben lediglich infolge Kombination mit der Drehstromzähleranlage — und ohne Zuhilfenahme induktiver Last, wie sie Fall 18 erfordert — wird durch Abb. 78 veranschaulicht. Der Lichtzähler registriert hierbei infolge des Wegfalls einer Spulenwirkung und wegen der vorhandenen Phasenverschiebung von 60^0 zwischen E_{3-1} und E_{3-2} nur 25 % und der Kraftzähler (wie unter Fall 91 gezeigt) 50 % des wirklichen Ohmschen Verbrauchs. Wird die über den letzteren Zähler entnommene Energie z. B. nur halb so teuer berechnet wie die für Lichtzwecke, so beträgt die dem Werk so insgesamt zugefügte Schädigung 50% des ihm zukommenden Werts.

Die Art der Anschaltung des zweipoligen Zählers an das Netz ändert im Grunde genommen an den gegebenen Verhältnissen nichts; die Gefahren bleiben dieselben, gleichwelche der drei möglichen Anschlußweisen bzw. Potentiale gewählt werden.

Somit ist auch unter den vorliegenden Umständen diese Zählerausführung kaum als eine bessere wie die einpolige anzusehen, wobei nebenbei darauf verwiesen sei, was in Abschnitt 4 hinsichtlich des Vergleichs der beiden Ausführungen der Einsystemzähler gesagt worden ist.

3. Anwendung des Zweisystemzählers.
(Fall 98—100.)

Das Elementarschema hierzu ist in Abb. 79 gegeben. — An anderer Stelle (Abschnitt 5) wurde bereits hervorgehoben, daß die relativ höchste Gewähr für Zuverlässigkeit der Lichtzähleranlage bei Anschluß an die verkettete Spannung die Zweisystemtype bietet. Auch unter den vorliegenden Umständen trifft dies ebenfalls auf die allgemeine Sicherheit bezogen zu, und zwar ist zunächst zu berücksichtigen, daß bei dem Vorhandensein eines Kraftzählers mit drei messenden Systemen das Hinzutreten von einem weiteren Zähler, in welchem zwei an die Phasenspannungen angeschlossene Systeme miteinander verknüpft sind, sich eng an den Fall anlehnt, bei dem anstatt dieses Zählers gewöhnliche, an die Phasenspannung angeschlossene Einsystemzähler mitvorhanden sind.

Es genüge daher, bezüglich der in dieser Richtung sich bewegenden Betrachtungen auf das in Abschnitt 8 b α Gesagte zu verweisen, so daß lediglich die nicht in den Rahmen jener Darlegungen fallenden, nur infolge des gleichzeitigen Vorhandenseins beider Zähler sich ergebenden Möglichkeiten von Mißbrauch hier noch zu erwähnen bleiben.

Bei der Hochwertigkeit jeder der beiden in Frage kommenden Zählertypen sind diese Möglichkeiten, wie aus nachstehendem erhellt, quantitativ und qualitativ betrachtet, von verhältnismäßig geringfügiger Bedeutung; hinsichtlich der Übertragung von Angaben des Lichtzählers auf den Kraftzähler fällt ins Gewicht, um wieviel billiger die durch letzteren registrierte Energiemenge berechnet wird. Daß solche Übertragung überhaupt einigen Anspruch auf praktische Bedeutung verdient, liegt daran, daß sie, wie schon erwähnt, als zu gleichwelcher Zeit ausführbar darum weniger der Aufdeckung zugänglich ist, als die direkte zu Zeiten des Bedarfs stattfindende Energieentnahme zu Beleuchtungszwecken über den Kraftzähler, von welch letzterem Vorgehen auch leichter Spuren auffindbar sind.

Die nachstehend vermerkten Ausführungsformen sind prinzipiell wieder mit den früher angeführten gleichbedeutend.

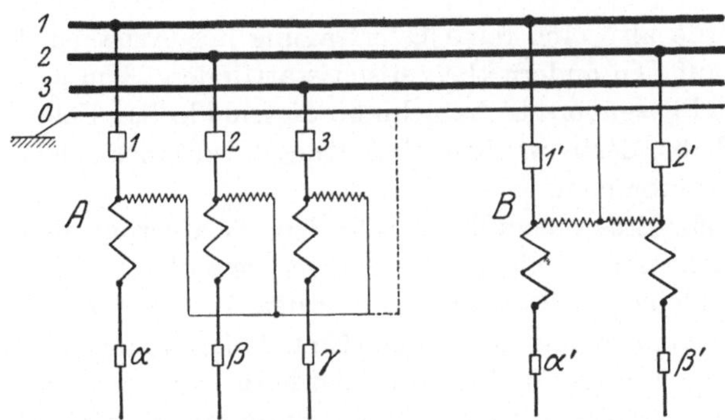

Abb. 79. **Fall 98:** Dreisystemzähler und Zweisystemzähler in einer Anlage.

Fall 98. Durch Transformatorverwendung kann bei Schaltung des Sekundärkreises über die beiden Zähler zwischen zwei Leitungen gleichen Potentials Übertragung der Angaben des einen auf den andern Zähler erfolgen, und zwar in gleichen Quantitäten, da die Spannungsspulen in beiden Zählern an den entsprechenden gleichen Phasenspannungen liegen (vgl. Abb. 79).

Fall 99. Wenn die induktive Last, welche zwischen zwei beliebigen Hauptleitungen verschiedenen Potentials geschaltet sein kann, einen Phasenwinkel von über 60° aufweist, so registriert das zu der einen Hauptleitung gehörige Zählersystem in positivem und das zu der andern gehörige in negativem Sinne. Die Summe beider Werte entspricht für gleichwelchen Phasenwinkel dem wirklichen Verbrauch (vgl. Abschnitt 5). Gehören die beiden Systeme verschiedenen Zählern an, so ändert dies nichts an dem Vorgesagten. Dieser Fall ist jedoch insofern zu berücksichtigen, als die Tarife beider Zähler erheblich voneinander abweichen. Es möge, um die Wirkung im Extrem vorzuführen, mit der praktisch nur annähernd erreichbaren Phasenverschiebung von $\varphi = 90^0$ für die induktive Last gerechnet werden. Diese soll zwischen den Leitungen α' und γ (Abb. 79) geschaltet gedacht sein. Es ergibt sich dann für den Lichtzähler:

$$\mathrm{P_{BI}} = \mathrm{E}_{1-0}\ \mathrm{J}_{1-3}\cos(\varphi + 30) = -\tfrac{1}{2}\,\mathrm{E}_{1-0}\ \mathrm{J}_{1-3}$$

und für den Kraftzähler:

$$\mathrm{P_{AIII}} = \mathrm{E}_{3-0}\ \mathrm{J}_{3-1}\cos(\varphi - 30) = +\tfrac{1}{2}\,\mathrm{E}_{3-0}\ \mathrm{J}_{3-1}\,.$$

Hier würde also eine reine Übertragung der Angaben des einen Zählers auf den andern theoretisch stattfinden. Um so mehr die wirkliche Phasenverschiebung hinter diesem ideellen Fall ($\varphi = 90^0$) zurückbleibt, desto weniger Bedeutung wird einer solchen Übertragung zukommen.

Fall 100. Eine ebenfalls je nach dem Tarifverhältnis für beide Zähler mehr oder weniger geringfügige, stets aber in bescheidenen Grenzen bleibende Beeinträchtigung der dem Werke aus der Beleuchtungsanlage zukommenden Einnahmen kann dadurch bewerkstelligt werden, daß der Lichtverbrauch über je eine Leitung des einen und des andern Zählers entnommen wird (Abb. 80). Hierbei wird die eine Hälfte des Konsums vom Lichtzähler, die andere Hälfte dagegen vom Kraftzähler registriert und damit zu dem diesem entsprechenden Satz verrechnet.

Außer den vorgeschilderten Fällen des gleichzeitigen Vorhandenseins eines Dreisystemzählers und eines andern Zählers der erwähnten Typen in einer und derselben Anlage liegen im wesentlichen noch die Möglichkeiten vor, daß sich ein Dreisystemzähler sowie ein Zweisystemzähler für Drehstromanschluß oder daß sich zwei Dreisystemzähler in einer Anlage bzw. räumlich nahe genug beieinander befinden, um betrügerische Manipulationen zu ermöglichen.

Was das erstere betrifft, so läßt sich alles diesbezügliche durch sinngemäße Anwendung des in Abschnitt 7c α Gesagten übersehen, denn der Zweisystemzähler läßt sich jetzt gewissermaßen als in Gegenwart von drei an die Phasenspannungen angeschlossenen

Einsystemzählern betrachten, welche, in einem Zählergehäuse vereinigt, den Dreisystemzähler bilden.

Zur Beurteilung der bei zwei Dreisystemzählern in einer Anlage sich ergebenden Verhältnisse sind die letzten Ausführungen des vorliegenden Abschnitts direkt anwendbar, da das weitere Vorhandensein eines Zählers mit drei messenden Systemen anstatt eines solchen mit zwei messenden Systemen, die ebenfalls an die Phasenspannung angeschlossen sind, weder eine prinzipielle Änderung darstellt noch sonstwie neue Gesichtspunkte mit sich bringt.

Allgemein betrachtet sei an dieser Stelle schließlich einer Schaltungsweise gedacht, welche das Werk in allen den Fällen anwenden

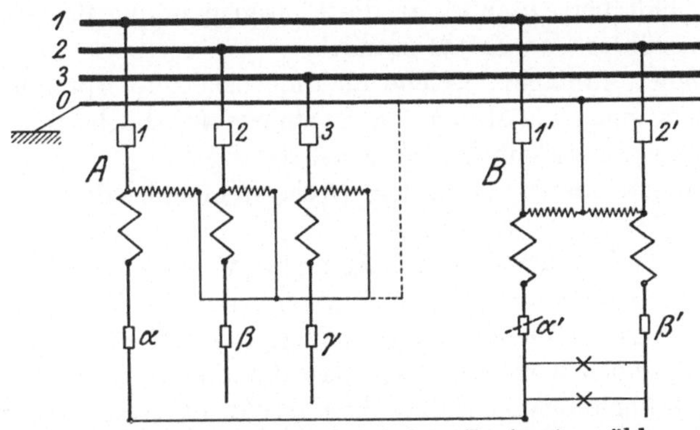

Abb. 80. **Fall 100:** Kombination zwischen Dreisystemzähler und Zweisystemzähler zwecks Beeinträchtigung der Angaben des letzteren.

kann, in welchen bei einem Abnehmer zwei oder mehr Zähler installiert werden. Da es sich nämlich im wesentlichen darum handelt, in erster Linie den Gesamtverbrauch zuverlässig zu bestimmen, so läßt sich dafür jeweils ein diesen Anforderungen gerecht werdender Zähler — ohne auf Kombinationsmöglichkeiten Rücksicht nehmen zu brauchen — als Hauptzähler installieren, während der oder die weiteren Zähler in der gleichen Anlage, elektrisch betrachtet, hinter ihm angeschlossen werden.

Was die Verrechnung anbetrifft, so sind lediglich von den Hauptzählerangaben diejenigen Beträge, welche auch noch getrennt registriert und dementsprechend berechnet werden, abzuziehen.

Unter welchen Verhältnissen diese Schaltungsweise am Platze ist, muß von Fall zu Fall entschieden werden, wobei der Umstand, daß infolge Durchschlagens von Sicherungen des Hauptzählers (z. B. bei Überlastung nicht zweckmäßig gesicherter Motoranlage) auch die Lichtanlage stromlos werden kann, mit in Betracht zu ziehen ist.

Schlußwort zum ersten Teil.

Ein Rückblick über den hiermit abschließenden ersten Teil gestattet — für die gegebenen Netzverhältnisse — das wesentlichste in folgender Form kurz zusammenzufassen:

Bei sicherem Schutz der Zählerzuleitungen gegen unbefugte Eingriffe hält bei Anschluß an die Phasenspannung der einpolige Einsystemzähler der Kritik stand.

In Zweileiteranlagen, welche an die verkettete Spannung angeschlossen sind, bietet der Zweisystemzähler die beste Gewähr für die Zuverlässigkeit der Energiemessung.

Für Drehstromanlagen ist dem Dreisystemzähler der Vorzug zu geben.

In allen Fällen der Verwendung mehrsystemiger Zähler ist der Vorsicht zu gedenken, die in dem Nachprüfen der Zähler besteht, nachdem Anschlußsicherungen erneuert worden sind.

Es bleibt noch hervorzuheben, daß die Diskussion sich auf die bisher gebräuchlichsten Zähler beschränkt hat; erst am Schluß dieser Abhandlung, nachdem auch noch andere Netzausführungen als die vorstehend zugrunde gelegten zur Sprache gekommen sind, soll die Frage angeschnitten werden, inwiefern dem Zähler ganz allgemein durch Anwendung geeigneter technischer Hilfsmittel ein zuverlässiger Schutz gegen betrügerische Eingriffe der geschilderten Art beigegeben werden kann, wodurch, wie später gezeigt werden wird, selbst ein Zähler der nächstniederen Systemzahl, als oben empfohlen, allen Ansprüchen in weitestem Maße gerecht zu werden imstande ist.

II. Drehstromnetz
mit einer geerdeten Hauptleitung.

A. Speisung von Zweileiteranlagen.

9. Anschluß an eine ungeerdete und die geerdete Leitung über einpoligen Zähler.

(Fall 101—104.)

Bekanntlich ist aus Rücksicht auf gleichmäßige Belastung in der Zentrale annähernd symmetrische Verteilung der einzelnen Anschlüsse üblich, so daß der größere Teil — etwa zwei Drittel aller Anschlüsse — an eine ungeerdete und die geerdete Leitung zu liegen kommt, wie letzteres z. B. in Abb. 81 dargestellt ist.

Vergleicht man diese Schaltungsweise mit Abb. 1 und dem dazu Gesagten, so erkennt man, daß sinngemäß gleiche Verhältnisse vorliegen.

Auch hier entspricht der Zähler den Anforderungen auf Zuverlässigkeit, solange keinerlei Eingriffe in die Zuleitungen zu ihm zu befürchten sind. Kann jedoch ein solcher vorkommen oder aber ist in dem zu der geerdeten

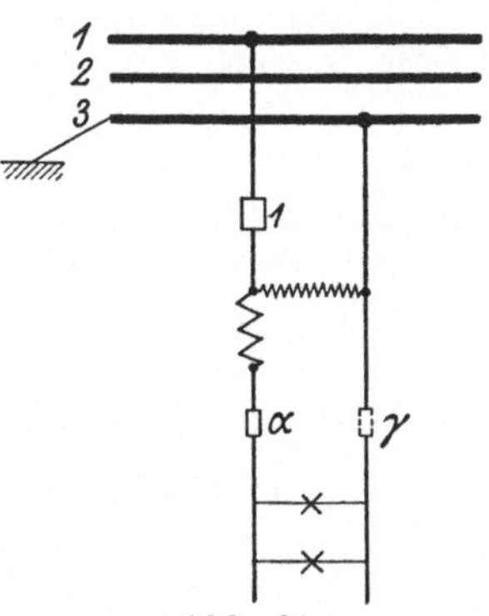

Abb. 81.
Einpoliger, an eine ungeerdete und die geerdete Leitung angeschlossener Zähler.

Leitung gehörenden Zähleranschluß eine Sicherung vorhanden (Abb. 82), so sind auch hier besonders vier Möglichkeiten (Fall 101—104) mißbräuchlichen Vorgehens zu beachten, die sich ihrer Ausführungsform nach eng an Fall 1—4 anlehnen und daher weitere Kommentare dazu sich erübrigen.

Es sei nur bezüglich der vorerwähnten unzweckmäßigen Sicherung noch darauf hingewiesen, daß ihr Vorhandensein hier bisweilen dem Umstande zuzuschreiben ist, daß anfänglich die ganze Netzanlage als von Erde isoliert vorgesehen worden ist und daher jede Leitung eine Sicherung enthalten mußte. Nachdem dann mit der Zeit hiervon abgegangen wurde und ein bestimmtes Hauptpotential definitiv an Erde zu liegen kam, ließ man die einmal vorhandene, nunmehr überflüssig gewordene Sicherung aus alter Gewohnheit fortbestehen.

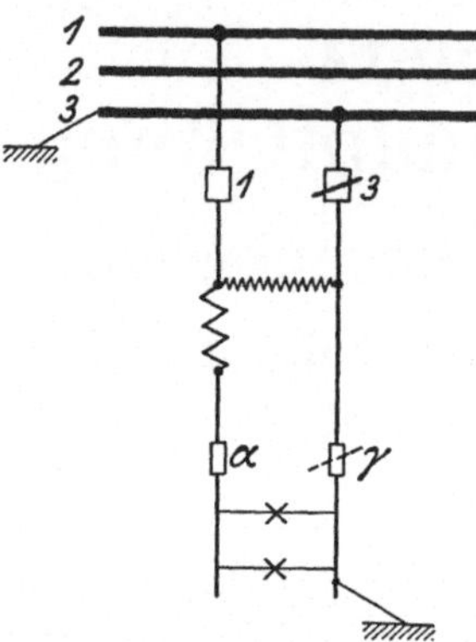

Abb. 82. Abtrennung des Nulleiteranschlusses des einpoligen Zählers vom Netz und Schaltung an Erde.

Allerdings gibt es auch Elektrizitätswerke, in deren Netz von vornherein diese Erdung vorgelegen hat und die trotzdem in den betreffenden Leitungen Sicherungen verwenden. Das Unternehmen deutschen Ursprungs in Buenos Aires, welches alte Gleichstromnetze mit geerdetem Nulleiter übernommen hatte, benutzte diese für Drehstrom und hielt es für angebracht, stets in allen Abzweigen von den drei Hauptleitungen — ohne Rücksicht auf die eine an Erde liegende — unterschiedslos Zähleranschlußsicherungen vorzusehen.

10. Anschluß an eine ungeerdete und die geerdete Leitung über zweipoligen Zähler.

(Fall 105—107.)

Die Vorschrift, wonach in einer geerdeten Leitung keine Stromspule eines Zählers liegen soll, schließt eigentlich die Verwendung zweipoliger Zähler (Abb. 83) ganz von selbst aus. Wenn trotzdem hierauf kurz eingegangen werden soll, so geschieht es aus der Erwägung heraus, daß leider nicht immer dieser Vorschrift Rechnung getragen wird, und zwar insbesondere dann nicht, wenn die Netzverhältnisse im Laufe der Zeit erst den vorliegenden, in diesem Teil zur Behandlung stehenden Charakter erhalten haben, ferner aber auch bisweilen — z. B. in Buenos Aires, wo ein- und zweipolige

Zähler unterschiedslos installiert worden sind — lediglich aus dem
Grunde, weil diesem Punkte von seiten des Werks nicht die ge-
nügende Aufmerksamkeit geschenkt worden ist, wobei nebenbei
erwähnt sei, daß die in jeder Zählerwerkstätte meist recht einfach
auszuführende Umänderung eines zweipoligen Zählers in einen
einpoligen so geringe Aufwendungen erfordert, daß auch gelegentlich nachträglich solche Abänderungen, wo es nottut, vorgenommen werden können.

Außer dem allgemein bekannten Nachteil des zweipoligen Zählers
bei seiner Verwendung unter den gegebenen Bedingungen, der in
der Beeinträchtigung seiner Zuver-
lässigkeit liegt, falls sich die angeschlossene Anlage nicht in ausreichend gutem Isolationszustand
befindet, treten nunmehr hinsichtlich betrügerischer Beeinflussungen
folgende besondere Mißstände hinzu,
die dem einpoligen Zähler nicht an-
haften.

Fall 105, 106, 107. Wie aus Abb. 83
in Verbindung mit Abb. 6, 7, 8 erhellt, sind die unter Fall 5, 6, 7
angeführten Möglichkeiten in analoger Weise auch hier gegeben und
alles über die Folgen dort Gesagte
ebenso hier zutreffend.

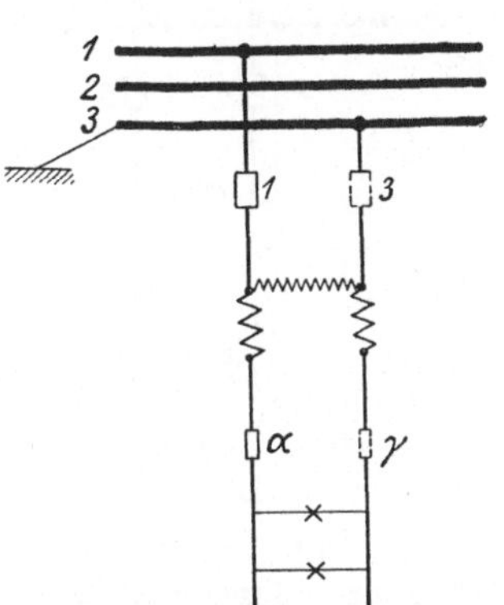

Abb. 83. Zweipoliger, an eine
ungeerdete und die geerdete
Leitung angeschlossener Zähler.

Die bedenklichste Situation ergibt sich zweifellos dann, wenn
beide Übel sich vereinen, d. h. ein zweipoliger Zähler zur Verwendung kommt und außerdem noch die geerdete Zuführungs-
leitung eine Sicherung enthält, wodurch der Abnehmer auf gleichwelche Art von Mißbrauch verfallen kann (vgl. u. a. das anknüpfend an Fall 2 Gesagte).

Daß tatsächlich sogar solche Zustände der Praxis angehören,
sollte kaum für möglich gehalten werden; wenn man aber die vorausgegangenen, auf Buenos Aires bezüglichen Hinweise zusammen-
gefaßt betrachtet, ersieht man — was um so bemerkenswerter ist —,
daß selbst eines der größten Elektrizitätswerke der Welt das Schul-
beispiel dafür geliefert hat.

11. Anschluß an die beiden ungeerdeten Leitungen über einpoligen Zähler.

(Fall 108—111.)

Während in Abschnitt 9 der einpolige Zähler die gegebene Lösung darstellte, erleiden die Verhältnisse bei Anschluß an zwei ungeerdete Leitungen eine wesentliche Verschiebung. Da im allgemeinen etwa der dritte Teil der Anschlüsse in dieser Weise vorzunehmen ist, so verdient sie eingehende Beachtung.

Dem Charakter des Netzes und der Anschlußweise des Zählers (Abb. 84) entsprechend, herrscht zwischen gleichwelchen der beiden eingeführten, stets zu sichernden Leitungen einerseits und Erde anderseits die volle Spannung. Das bringt zwangsläufig mit sich, daß zwei verschiedene Stromkreise über die Erde gebildet werden können, je nachdem die eine oder andere Leitung dazu benutzt wird.

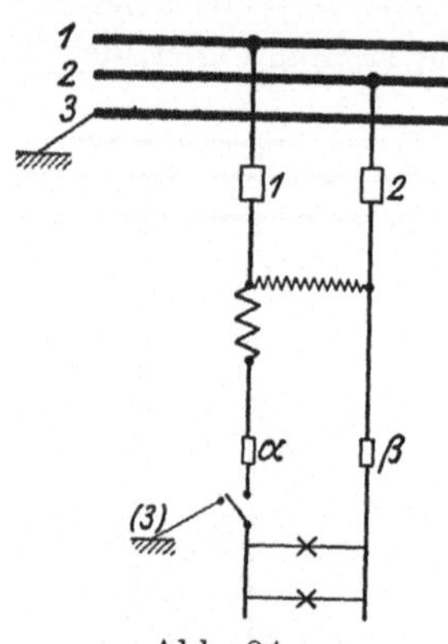

Abb. 84.
Fall 108: Einpoliger, an die beiden ungeerdeten Leitungen angeschlossener Zähler, welcher infolge Umgehens der Stromspule durch Schaltung über Erde untätig bleibt.

Fall 108. Bei Umgehung der die Stromspule enthaltenden Leitung $1-\alpha$ und Bildung des Stromkreises über $2-\beta$ zur Erde, wie in Abb. 84 angedeutet, bleibt der Zähler, solange die Energieentnahme auf diesem Wege erfolgt, untätig.

Fall 109. Nimmt der Zähler an der Energiemessung in alterierter Form, insofern als die Spannungsspule an E_{1-2} liegt und der Konsum über E_{1-3} entnommen wird, teil (Abb. 85), so wird bei Ohmscher Belastung die Hälfte des Verbrauchswerts registriert, weil E_{1-2} und E_{1-3} um 60^0 gegeneinander verschoben sind (vgl. Vektordiagramm Abb. 10).

Fall 110. Tritt an Stelle der in Abb. 85 eingezeichneten Ohmschen Last induktive Belastung, so wird der Zähler bei $\varphi > 30^0$ in rückwärtigem Sinne beeinflußt.

Diesem letzteren Übelstande kann man vorbeugen, indem man die Anschlußleitungen vertauscht bzw. die Stromspule in die Leitung 2—β verlegt, so daß lediglich durch entsprechende Schaltung kapazitiver **(Fall 111)** Last die gleiche Beeinflussung zu erreichen bliebe.

Freilich liegt überhaupt unter den vorliegenden Verhältnissen die weitaus größte Gefahr in der durch Fall 108 und 109 gekennzeichneten unmittelbaren Energieentnahme; wo bereits solche einfache Möglichkeiten bestehen, wird es praktisch kaum etwas fruchten, gegen weniger auf der Hand liegende und daher seltener vorkommende Mißbräuche sich vorzusehen.

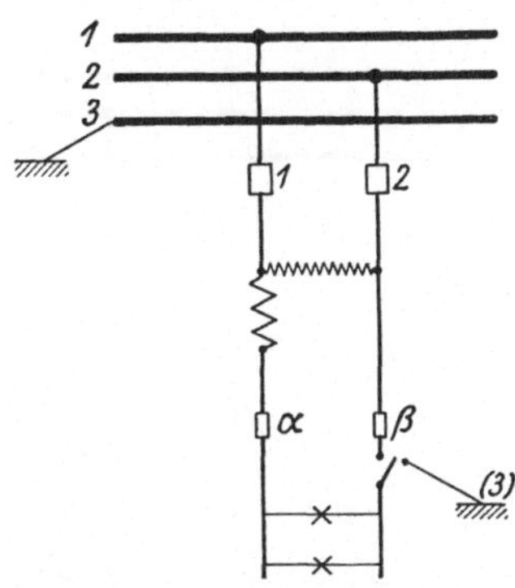

Abb. 85.

Fall 109: Einpoliger, an die beiden ungeerdeten Leitungen angeschlossener Zähler, dessen Meßfunktionen durch Schaltung an Erde alteriert werden.

12. Anschluß an die beiden ungeerdeten Leitungen über zweipoligen Zähler.

(Fall 112—114.)

Fall 112. Der zweipolige Zähler weist hier gegenüber dem einpoligen den Vorteil auf, bei Schaltung von Ohmscher Last gegen Erde stets 25% des verbrauchten Werts zu registrieren, gleichwelche Leitung benutzt werde (Abb. 86), und zwar aus den gleichen wie unter Fall 74 gegebenen Gründen. Sehr groß ist allerdings dieser Vorteil nicht, wenn man bedenkt, daß ohnehin der Zähler einen gewissen monatlichen Verbrauch anzuzeigen hat, wenn nicht der Abnehmer die Aufmerksamkeit des Werks auf sich lenken will.

Hierzu tritt noch der Umstand, daß der zweipolige Zähler es seiner Natur nach mit sich bringt **(Fall 113, 114)**, daß er sowohl induktiver wie kapazitiver rückwärtiger Beeinflussung ausgesetzt ist, je nachdem die entsprechende einerseits an Erde geschaltete Belastung, anderseits mit der einen oder andern Zuleitung verbunden wird (Abb. 87).

Es erübrigt sich hiernach, noch andere mehr abseits liegende
Möglichkeiten von Mißbrauch zu besprechen, da aus dem vorstehenden bereits zur Genüge erhellt, daß weder der einpolige

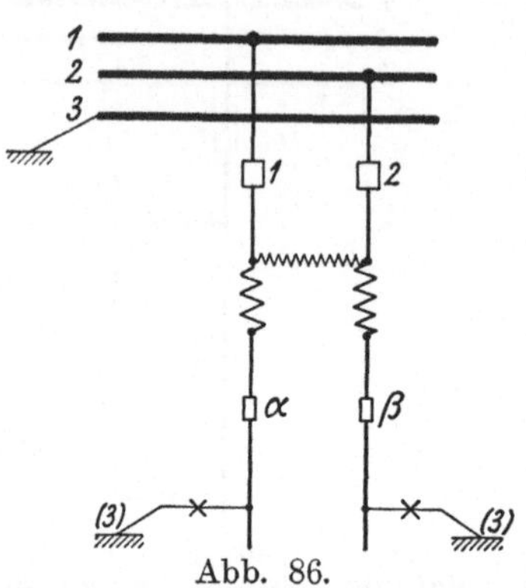

Abb. 86.

Fall 112: Zweipoliger, an die beiden
ungeerdeten Leitungen angeschlossener Zähler, von welchem 25% des
über Erde entnommenen Energie-
bedarfs der Ohmschen Belastung
registriert werden.

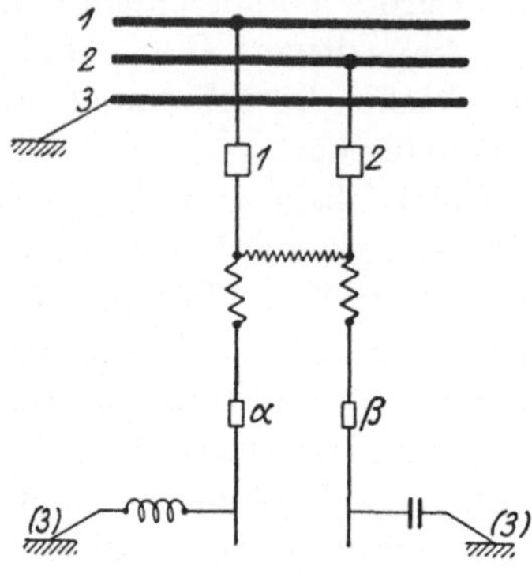

Abb. 87.

Fall 113, 114: Zweipoliger an die
beiden ungeerdeten Leitungen angeschlossener Zähler, bei welchem induktive wie kapazitive über Erde
geschaltete Belastung in rückwärtigem Sinne beeinflussend wirken.

noch der zweipolige Einsystemzähler bei Einführung von zwei
ungeerdeten Leitungen eine zufriedenstellende Lösung ergibt.

13. Anschluß an die beiden ungeerdeten Leitungen über den Zweisystemzähler.

(Fall 115.)

Es liegt auf der Hand, daß der Abnehmer einen an und für sich
vorschriftswidrigen Anschluß über Erde nur dann vornehmen
wird, wenn ihm dieser einen Vorteil bietet. Ist das nicht der Fall,
so wird damit auch ganz von selbst das weitere Interesse des Werks
hinsichtlich symmetrischer Verteilung seiner Netzanschlüsse gewahrt bleiben. Soweit man die üblichen Zählertypen in Betracht
zieht, kann hier der Zweisystemzähler zu Hilfe genommen werden,
wenn nach der durch Abb. 88 gegebenen Schaltungsweise verfahren wird. Über die drei Anschlußleitungen ist der Zähler einerseits als Drehstromzähler ans Netz angeschlossen, anderseits

führen von ihm zum Abnehmer nur die beiden Leitungen 1 und 3. Der Zähler wird bei dieser Schaltungsweise stets richtig funktionieren, gleichviel ob die Belastung ordnungsgemäß zwischen diesen beiden Leitungen oder gegen Erde geschaltet ist oder ob mittels dieser Drehstrom entnommen wird, und zwar für gleichwelchen Phasenwinkel.

Fall 115. Eine absichtliche Alterierung der Meßfunktionen kann — natürlich abgesehen von mechanischen Eingriffen in die Zuleitung — nur dann verborgen bleiben, wenn analog zu Fall 24 in einem der beiden Meßsysteme ein Defekt hervorgerufen wird und die zu diesem Zweck vorher durchgeschlagene Sicherung ersetzt wird, ohne daß das Werk auf den Sachverhalt aufmerksam wird.

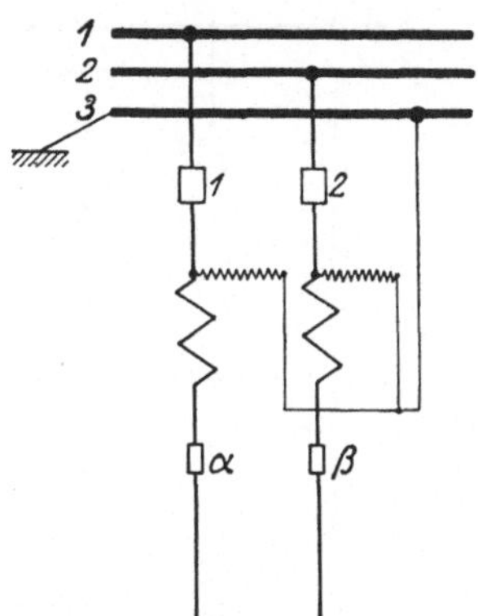

Abb. 88. Anschluß an die beiden ungeerdeten Leitungen über den Zweisystemzähler.

14. Speisung von Drehstromanlagen.

(Fall 116—118.)

Im Gegensatz zu den Ausführungen des ersten Teils (unter B) liegen hier die Verhältnisse wesentlich einfacher. Der Drehstromanschluß über Einsystemzähler ist naturgemäß ebenso zu verwerfen; die diesbezüglich in Abschnitt 6 gegebenen Hinweise können sinngemäß auch hier Anwendung finden. Während aber dort dem Dreisystemzähler der Vorrang vor dem Zweisystemzähler gebührt, ist jetzt lediglich der letztere am Platz, fehlt doch infolge Wegfalls des Nullpunktpotentials der vierte Potentialwert, so daß mit Hilfe von zwei Systemen jede aus der Dreileiterdrehstromanlage entnommene Energie richtig registriert werden kann.

Es ist hierbei bei sachgemäßer Anschlußweise des Zählers auch gleichgültig, ob der auf die geerdete Leitung entfallende Strom seinen Weg über den normalen Anschluß oder über die Erde nimmt, wie aus Abb. 89 erhellt.

Im übrigen trifft hier ebenfalls das unter Fall 115 Vermerkte in analoger Weise zu.

Daß der Zähler nur entsprechend Abb. 89 angeschlossen werden darf, geht schon daraus hervor, daß sonst eine Stromspule in die geerdete Leitung zu liegen käme, was, wie bereits wiederholt erwähnt wurde, an und für sich unzulässig ist und u. a. **(Fall 116)** z. B. hier mit sich brächte, daß das entsprechende Meßsystem durch Schaltung über Erde umgangen werden könnte (Fig. 90).

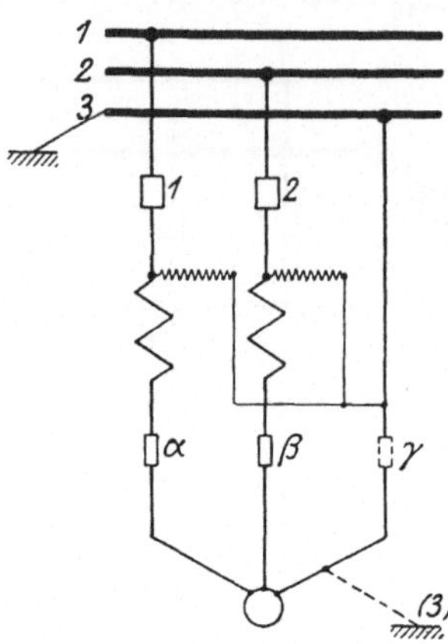

Abb. 89. Der Zweisystemzähler in Drehstromanlagen.

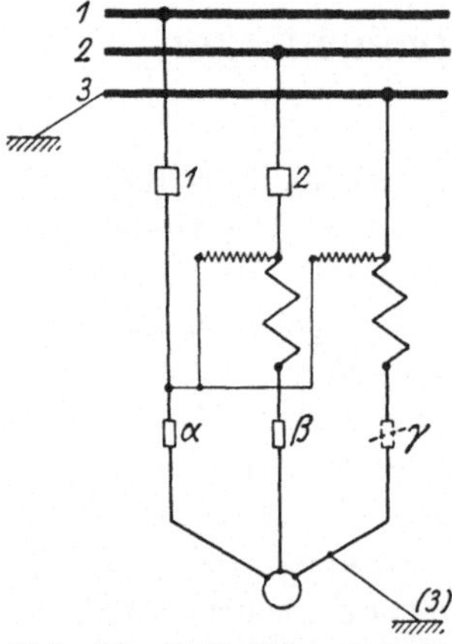

Abb. 90. **Fall 116:** Falsche Schaltung des Drehstromzweisystemzählers ans Netz, wobei ein Meßsystem umgangen werden kann.

Ferner soll keine Möglichkeit bestehen, die Zuleitung 3 zum Zähler unterbrechen zu können; es ist daher insbesondere recht bedenklich, auch in diese Leitung eine Sicherung zu verlegen (wie dies in Buenos Aires geschehen). Es besteht dann die Gefahr **(Fall 117)**, daß diese Sicherung — z. B. ähnlich, wie unter Fall 2 (Abb. 3) vermerkt — durchgeschlagen wird und der Zähler gemäß Abb. 91 nach Belieben, je nachdem Sicherung γ fest- oder losgeschraubt ist, in normaler oder alterierter Form funktioniert. Die Bedeutung, die dieser Alteration zukommt, ist an Hand des früher unter Fall 39, 40 Gesagten zu ersehen.

Es verdient an dieser Stelle ausdrücklich hervorgehoben zu werden, daß gerade der Zweisystemzähler als solcher der geeignete ist, und ein System mehr ebenso nachteilige Folgen haben kann wie ein System zu wenig, was aus Abb. 92 ohne weiteres ersichtlich ist **(Fall 118)** und worauf im übrigen allgemein die Bemerkungen zu Fall 116 anwendbar sind. Unter Annahme symmetrischer Belastung würde jetzt infolge des Ausfalls eines der drei Systeme das Werk um den dritten Teil des wirklichen Betrags geschädigt werden.

Bezüglich Kombinationen zwischen benachbartliegenden Zweisystemzählern sei darauf hingewiesen, daß solche solange nicht zu befürchten sind, als die Anschlüsse ordnungsgemäß nach Abb. 89 erfolgen, worauf schon, wie vorstehend ausgeführt wurde, im Interesse jedes Anschlusses für sich betrachtet, gesehen werden muß.

Um Kombinationen zwischen den besprochenen Zweisystemzählern und Lichtzählern zu verhindern, genügt es, darauf zu achten, daß in der näheren Umgebung der ersteren die Einsystemzähler in einpoliger Ausführung nur entsprechend Abb. 81 angeschlossen werden, wobei daran erinnert sein möge, daß die Verwendung von Einsystemzählern bei Anschluß an zwei ungeerdete Leitungen ohnehin an sich schon als recht bedenklich gekennzeichnet worden ist (Fall 108—114) und darum weiter nicht betrachtet zu werden braucht.

Wird hingegen unter solchen Umständen auch für den Lichtanschluß ein Zweisystemzähler vorgesehen, so reduziert sich der Fall auf das Vorhandensein zweier solcher Zähler, wovon oben bereits die Rede gewesen ist.

Es sei noch erwähnt, daß allerdings die Übertragung von Registrierwerten des einen Zählers auf den andern in ähnlicher Weise, wie im ersten Teil ausgeführt, naturgemäß auch hier Platz greifen

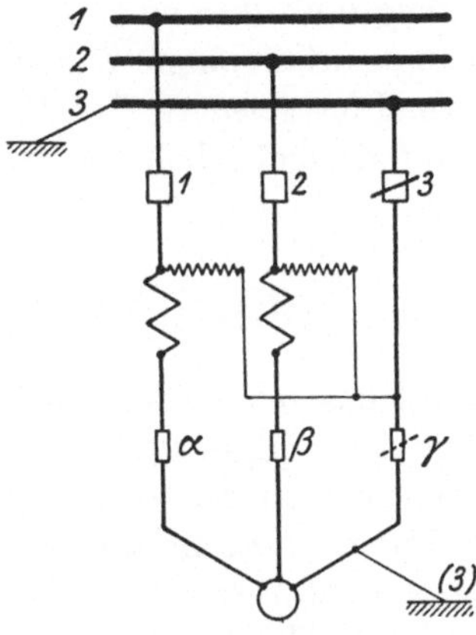

Abb. 91.

Fall 117: Richtig angeschlossener Zweisystemzähler, bei dem unzweckmäßigerweise in der geerdeten Leitung eine Sicherung installiert ist.

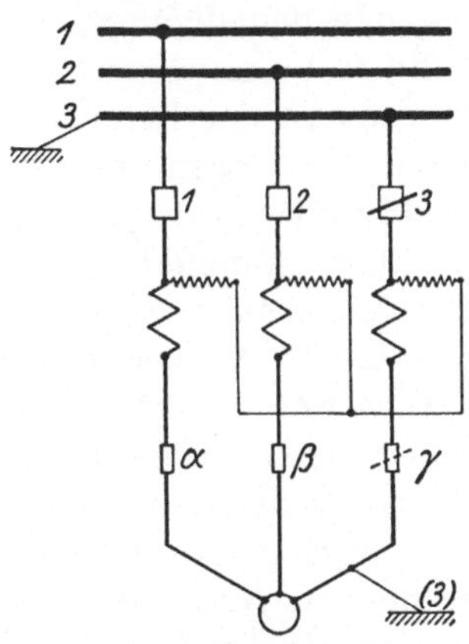

Abb. 92.

Fall 118: Umgehung eines der Meßsysteme des unter den vorliegenden Verhältnissen ungeeigneten Dreisystemzählers.

kann; über die verhältnismäßig geringe Bedeutung dieser Art Betrug und über seine Analogie mit dem Fall der Entnahme von Energie über einen Zähler zu andern als den aus Tarifgründen normal festgelegten Zwecken ist dort kurz gesprochen worden und bleibt diesbezüglich im wesentlichen nichts hinzuzufügen.

Schlußwort zum zweiten Teil.

Auf das im vorliegenden zweiten Teil Gesagte zurückblickend zeigt sich, daß der schwache Punkt dieser Netzausführung in den durchweg ein Drittel ausmachenden Zweileiteranschlüssen über zwei ungeerdete Leitungen zu sehen ist, sofern man in diesen Anlagen nicht Zweisystemzähler (wie in Abb. 88 dargestellt wurde) vorsieht. Geschieht hingegen das letztere und wird im übrigen auch betreff der sonstigen Anschlüsse in zweckmäßiger Weise verfahren (insbesondere hinsichtlich der Frage des Anbringens von Sicherungen und der Zählerkontrolle nach Neueinsetzen von solchen), so sind die Interessen des Werks, was auf diesem Gebiet liegende Schädigungen anbetrifft, sichergestellt.

Beim Vergleich mit der im ersten Teil behandelten Netzausführung ist der Tatsache zu gedenken, daß dort bei Anschluß von Zweileiteranlagen an die verkettete Spannung für die Gesamtheit dieser Anlagen der Zweisystemzähler den zuverlässigsten Schutz gewährt, während hier, gleich sicher, zwei Drittel davon über einen Einsystemzähler angeschlossen werden und nur für das übrige Drittel sich die Verwendung von Zweisystemzählern empfiehlt.

Ferner erwies sich für Drehstromanschlüsse dort der Dreisystemzähler als besonders zweckmäßig, während jetzt der Zweisystemzähler als durchaus gleichwertige Lösung an seine Stelle tritt.

Es liegt somit auf der Hand, daß die im zweiten Teil zur Sprache gekommene Netzausführung unter Aufwendung erheblich geringerer Kosten gleiche Zuverlässigkeit wie die erstbehandelte Ausführung gewährleistet, insoweit es sich um die Registrierung der Zählerangaben handelt.

Eine allgemeine Gegenüberstellung beider Netzausführungen fällt außerhalb des Rahmens dieses Buches. Es möge nur nebenbei bemerkt werden, daß bei der Beurteilung der Frage, ob eine Hauptleitung an Erde gelegt werden kann, eigentlich mit an erster Stelle zu berücksichtigen wäre, inwieweit damit Gefahren für den menschlichen Organismus verbunden sind. In dem Drehstrombezirk von Buenos Aires hat z. B. die gegen Erde bestehende Spannung von 220 Volt in Verbindung mit dem feuchten Klima nicht wenige Todesfälle gezeitigt. Sehr oft mögen schlecht ausgeführte Installationen Mitveranlassung gewesen sein, aber immerhin läßt sich nicht leugnen, daß, wenn nur die Phasenspannung (130 Volt) gegen Erde vorhanden gewesen wäre, solche Unglücksfälle sich kaum ereignet haben würden.

III. Sonstige Netzsysteme.

15. Drehstromdreileiter- und -vierleiternetz ohne bestimmte Erdung.

Netzsysteme ohne jede bestimmte Erdung sind bekanntlich weniger betriebssicher als die vorbesprochenen mit bestimmter Erdung und treten daher in ihrer Bedeutung hinter diese zurück.

Prinzipiell verdienen beide Arten der Ausführung insofern Beachtung, als sie als die Extreme aufzufassen sind, zwischen welchen die übrigen Netzausführungen eingereiht werden können, bei denen die Erdung über einen kleineren oder größeren Widerstand vorgesehen ist.

Es möge zunächst streng an der Voraussetzung festgehalten werden, daß das gesamte Netzsystem innerhalb praktischer Grenzen als von Erde isoliert angesehen werden kann bzw. daß bei Auftreten eines gröberen Erdschlusses dieser erkannt und ausgemerzt werde.

Liegen die Verhältnisse wirklich so — was allerdings unter den gegebenen Umständen, daß die Spannungen gegen Erde nicht fixiert sind, eher einen Idealfall darstellt —, dann ist das Risiko für das Werk, sich in seinen Einnahmen durch Verschleierung von Zählerangaben beeinträchtigt zu sehen, ein Minimum.

Solange nur ein Zähler in der Anlage vorhanden ist, gleichwelche der üblichen Tpyen es sei, kann von den Betrugsmöglichkeiten der früher geschilderten Art lediglich eine solche entsprechend Fall 4 (bzw. Fall 82) in Anwendung kommen, und das setzt, wie früher in Abb. 5 (bzw. Abb. 73) angedeutet wurde, Zugang zu einer der Zuleitungen zum Zähler voraus, wogegen im allgemeinen Vorkehrungen getroffen werden können, damit ein derartiger Eingriff in das Eigentum des Werks, der auch sonstige grobe Betrügereien möglich macht, nicht unaufgedeckt bleibe.

Es reicht mithin die geringste Systemzahl aus oder, mit andern Worten, für Zweileiteranschlüsse genügt der Einsystemzähler, für

Drehstromdreileiteranschlüsse der Zweisystemzähler und für Drehstromanschlüsse mit herausgeführtem Nulleiter der Dreisystemzähler.

Diese Beziehungen stimmen im übrigen überein mit der eingangs gegebenen Definition über die Abhängigkeit der Systemzahl von der Anzahl der vorhandenen verschiedenen Potentiale, da diese letzteren im Rahmen der formulierten Voraussetzung nur über die eingeführten Leitungen zugänglich sind.

Sind hingegen zwei oder mehrere Zähler in der gleichen Anlage vorhanden oder in solcher Nähe installiert, daß eine Kombination untereinander möglich ist, dann bestehen die gleichen hinsichtlich derartiger Kombinationen früher geschilderten Gefahren, und zwar in dem gesamten Umfange, in welchem solche vorliegen, ohne auf geerdete Potentiale angewiesen zu sein (vgl. hierzu Fall 11—16, 20—23, 39—81, 87—100 und das im zweiten Teil darüber allgemein Gesagte).

An dieser Stelle verdient jedoch eine besondere Schaltungsweise Erwähnung, welche es gerade unter den vorliegenden Umständen gestattet, für bestimmte Netz- und Anschlußverhältnisse diese Gefahren herabzumindern. Während nämlich, solange das Nullpunktpotential geerdet ist, in dem Nulleiter keine Stromspule liegen darf, fällt naturgemäß diese Einschränkung weg, sobald von Erdung abgesehen ist. Danach können also in solchen Anlagen Einsystemzähler in beliebiger Weise an irgendeine Phase des Drehstromnetzes angeschlossen werden, ohne daß damit ein besonderer Übelstand betreffs seiner selbst verknüpft wäre. Hierauf fußend, läßt sich bei der weiteren Verwendung eines Drehstromzweisystemzählers in der gleichen Anlage durch geeignete Schaltungsweise vermeiden, daß letzterer — infolge der Zugänglichkeit des Nullpunktpotentials über den Einsystemzähler — all den Mißbräuchen ausgesetzt werde, die im ersten Teil als mit der Erdung des Nullpunkts verbunden geschildert wurden.

Wie aus Abb. 93 ersichtlich, ist der Einsystemzähler an Phase 3 angeschlossen, damit die Leitungen beider Zähler, die keine Stromspule enthalten, gleiches Potential haben. Bezüglich des normal geschalteten Zweisystemzählers ist es nun aber gleichgültig, ob der Strom seinen Weg über Leitung 3 oder eine andere ihr äquivalenten Potentials nimmt, so daß die Zuhilfenahme der Leitung γ' als Ersatz für γ keine Schädigung des Werks im Gefolge hätte.

Der Strom aber, welcher über die Nulleitung des Einsystemzählers geführt wird, muß durch die nunmehr hierhin verlegte Stromspule gehen.

Etwa hierbei in Frage kommende Übertragungen von Registrierwerten eines Zählers auf den andern durch Zwischenschaltung entsprechender Belastung sind, wie an Hand des Vektordiagramms Abb. 10 leicht errechnet werden kann, als ziemlich belanglos anzusehen.

Dagegen liegt allerdings die Möglichkeit vor, daß durch Eliminierung einer Anschlußsicherung des auf zwei Wegen zugänglichen Potentials 3 die Schaltungsweise eines der Zähler zum Nachteile des Werks beeinflußt werde. Wird z. B. Sicherung 3 des Zweisystemzählers eliminiert und γ losgeschraubt, so werden hierdurch beide Spannungsspulen hintereinandergeschaltet und damit entsteht aus dem Zweisystemzähler ein an die Potentiale 1 und 2 angeschlossener

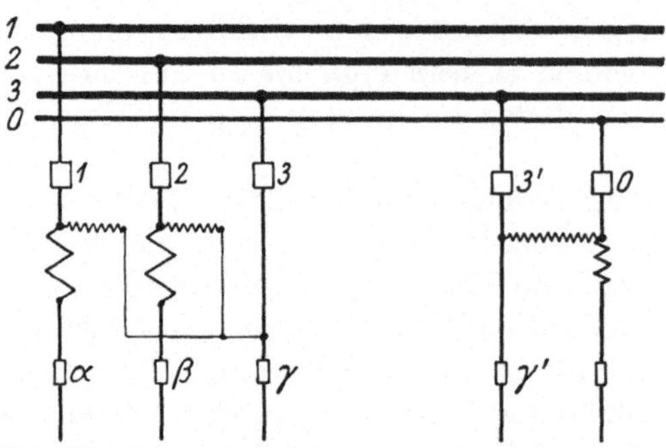

Abb. 93. Besondere Schaltungsweise des an eine Phase angeschlossenen einpoligen Zählers bei weiterem Vorhandensein eines Zweisystemzählers.

zweipoliger Einsystemzähler, während das Potential 3 über den Lichtzähler, da in seiner Zuleitung 3' keine Stromspule liegt, in diesem Sinne ungeschützt zugänglich ist. Die hierdurch geschaffene Situation läßt sich in Analogie zu dem unter Fall 117 bzw. Fall 39, 40 Gesagten leicht beurteilen, doch ist jetzt noch besonders daran zu erinnern, daß der Anschluß an das Potential 3 nunmehr nur noch über γ' möglich ist und damit der Drehstromverbrauch dauernd durch die für den Lichtzähleranschluß maximal zulässige Stromstärke begrenzt ist.

Wird an Stelle der Beeinflussung des Drehstromzählers eine solche des Lichtzählers auf gleiche Weise versucht, so steht nach Ausfall der Sicherung 3' und während der Zeit, in der γ' losgeschraubt ist, Energie umsonst über 0 und γ zur Verfügung.

Immerhin ergibt sich an Hand des Vorgesagten, daß die Schaltungsweise nach Abb. 93 unter den obwaltenden Umständen und bei Verwendung solcher zwei Zählertypen die relativ geringsten Gefahren in sich birgt.

Es sei noch dazu erwähnt, daß ein zweipoliger Einsystemzähler an Stelle eines einpoligen deshalb keine bessere Lösung darstellt, weil in solchem Falle bereits ohne Eliminierung einer Anschlußsicherung mittels eines sekundär zwischen γ und γ' geschalteten Transformators dieser Zähler in rückwärtigem Sinne beeinflußt werden kann.

Kommen im Interesse größerer Sicherheit hochwertigere Zähler zur Anwendung, so läßt sich darauf die früher in Abb. 79 dargestellte Schaltungsweise nebst den dazu gemachten Bemerkungen anwenden.

Das Vorstehende hatte zur Voraussetzung, daß tatsächlich das gesamte Netz als von Erde isoliert anzusehen sei; wie gestaltet sich nun aber der Fall, wenn die eine oder andere Leitung Kontakt mit Erde bekommt und dieser nicht sobald behoben wird?

Beim Drehstromvierleiternetz würde, wenn gerade der Nulleiter an Erde käme, das Netzsystem mit dem im ersten Teil behandelten identisch werden und damit das dort Gesagte, solange dieser Kontakt besteht, ebenfalls hier zutreffen.

Kommt bei der gleichen Netzausführung eine der Hauptleitungen an Erde zu liegen, so ist, wenn Potential 3 davon betroffen wird, für alle Anschlüsse über verkettete Spannung wieder das im zweiten Teil Gesagte maßgebend; für Anschlüsse an die Phasenspannung hingegen ist von ausschlaggebender Bedeutung, an welche Phase der betreffende Zähler angeschlossen ist. Stimmt diese mit dem an Erde geratenen Potential 3 überein, so kann, wenn in der Zuleitung 3 des Zählers eine Stromspule gelegen ist, über Erde mittels Transformatorbenutzung Beeinflussung im rückwärtigen Sinne erfolgen; auch stände, falls die Nulleitung des Zählers keine Stromspule enthält, zwischen dieser Leitung und Erde jetzt die Phasenspannung umsonst zur Verfügung.

Sind die Potentiale verschieden, d. h. ist der Zähler an Phase 1 oder 2 angeschlossen, dann besteht zwischen seiner Spannung E_{1-0} bzw. E_{2-0} und der gegen Erde (Potential 3) vorhandenen Linienspannung E_{1-3} bzw. E_{2-3} eine Verschiebung von 30^0 im voreilenden oder nacheilenden Sinne, so daß je nachdem induktive

Belastung auf den Gang des Zählers in negativem Sinne einwirken kann.

Bei stromspulenloser Nulleitung trifft im übrigen auch das diesbezüglich Vorgesagte zu.

Enthält dagegen diese Leitung eine Stromspule, so steht hier nunmehr zu befürchten, daß zum Schaden des Werks von der Verschiebung von 120^0 Gebrauch gemacht werde, die zwischen der Phasenspannung E_{1-0} bzw. E_{2-0} — an der die Spannungsspule liegt — und der zwischen Erde und Nulleitung vorhandenen Spannung E_{3-0} besteht, wobei ins Gewicht fällt, daß bereits Ohmsche Last den Zähler in rückwärtigem Sinne beeinflußt, denn für $\varphi = 0^0$ ergibt sich:

$$P' = E_{1-0}\ J_{3-0} \cos (\varphi - 120) = - 0{,}5\ EJ,$$

für E_{2-0} gelangt man zum gleichen Schlußresultat.

Gerät an Stelle der Hauptleitung 3 eine der beiden andern, 1 oder 2, an Erde, so ist dies für die Anschlüsse an verkettete Spannung noch nachteiliger, während für die an die Phasenspannung angeschlossenen Zähler die Verhältnisse analog wie vor liegen. Was die ersteren Anschlüsse betrifft, so ist zu bedenken, daß auf das Potential 1 oder 2 entfallende Stromspulen nunmehr einfach übergangen werden können, und ferner, daß durch solche jetzt in geerdeten Leitungen liegende Stromspulen mittels Transformatorenwirkung rückwärtige Beeinflussung des Zählers erfolgen kann.

Auf in normalem Zustande ungeerdete Drehstromnetze ohne Nulleitung, die mithin nur Anschlüsse an die verkettete Spannung ermöglichen, sind die vorstehenden Erwägungen, soweit sie diese Spannung betreffen und von der vorübergehenden Erdung von Hauptleitungen handeln, ohne weiteres sinngemäß anwendbar.

Im allgemeinen ist es weiterhin von Interesse zu beachten, daß, wenn wirklich das Netz von Erde genügend isoliert ist, dieser Zustand nicht nur zufällig, sondern auch absichtlich durch Erdung einer der Leitungen einer Installation — insbesondere einer solchen, in welcher im Zähler keine Stromspule liegt — aufgehoben werden kann, wodurch allerdings der davon direkt getroffene Anschluß selbst nicht gefährdet wird, wohl können aber nunmehr über diese Erdung andere Zähler den dadurch ermöglichten, den vorbeschriebenen analogen Beeinflussungen ausgesetzt werden, allerdings nur in dem Maße, in welchem die betreffende Anschlußsicherung dies zuläßt. Hiergegen bietet auch eine vom Werk hin und wider vorgenommene abwechselnde Erdung der einzelnen Potentiale keinen absoluten Schutz, denn abgesehen davon, daß der unredliche Abnehmer die betreffende eigene, jederzeit von ihm zu erneuernde Sicherung nur so zu bemessen braucht, daß diese vor der Anschlußsicherung des Werks durchschlägt, kann er noch auf andere Weise Vorkehrungen treffen, wie u. a. nachstehender Fall aus der Praxis lehrt:

Ein Abnehmer, der über einen einpoligen Zähler an die verkettete Spannung E_{1-3} angeschlossen war, erdete die keine Stromspule führende Leitung α' (Abb. 94) über einen stark induktiven Widerstand, dessen Stromaufnahme bei ordnungsgemäßem Anschluß die durch die Anschlußsicherungen gegebenen Grenzen nicht überschritt. Hierauf

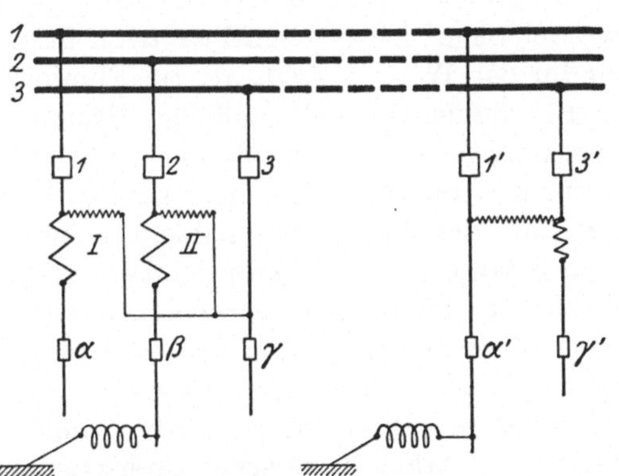

Abb. 94. Kombination zwischen einem Zweisystemzähler und einem einpoligen Zähler mittels beiderseitiger Erdung und unter Verwendung induktiver Belastung.

begab er sich zu einem über einen Drehstromzähler angeschlossenen Abnehmer und schaltete dort zwischen β und Erde ebenfalls einen induktiven Widerstand an. Beide Widerstände lagen demnach in Serie, wobei ihnen insgesamt der Phasenwinkel φ_t zukam; der Drehstromzähler folgte somit der Beziehung:

$$P' = E_{2-3}\ J_{2-1}\cos(\varphi_t + 60).$$

Wie man sieht, wird für $\varphi_t > 30^0$ der Drehstromzähler in umgekehrter Richtung beeinflußt; wenn φ_t nahe an 90^0 herankommt, so entspricht diese Beeinflussung ungefähr $\frac{1}{2}$ EJ $\sqrt{3}$.

Mittels vorübergehender Netzerdungen kann wohl ein solcher

Betrug zeitweilig unterbunden werden, Sicherungen werden aber dabei nicht durchgeschlagen.

So wie der vorstehende Fall sich zugetragen haben mag, werden die dem Werke erwachsenen Schädigungen sich in recht bescheidenen Dimensionen gehalten haben, da über den Einsystemzähler keine großen Stromstärken ihren Weg nehmen konnten und somit nicht manche Zähler — wenigstens nicht gleichzeitig — auf diese Art zu beeinflussen waren. Dieses Beispiel stellt indes auch nur einen Sonderfall dar, der in andern Varianten auftreten kann, die schädlichere Folgen nach sich ziehen.

Erwähnt sei noch, daß, wenn in Abb. 94 an Stelle des einpoligen ein zweipoliger Einsystemzähler tritt, insofern eine ähnliche Gefahr für das Werk besteht, als bei Eliminierung der Sicherung $3'$ der Einsystemzähler sich infolge Stromloswerdens seines Spannungszweiges passiv verhält und somit unter diesen Umständen eine vom Strom durchflossene, zwischen $1'$ und α' gelegene Stromspule auf den Gang des Zählers keinen Einfluß hat. Mittels Erdung der Leitung γ' kann der zweipolige Zähler unter den gegebenen Verhältnissen wieder in Gang gesetzt werden, so daß nicht durch unveränderten Stand der Zählerangaben die Aufmerksamkeit des Werks herausgefordert wird.

Es versteht sich von selbst, daß in ähnlicher Weise auch ein für hohe Stromstärken bemessener Drehstromanschluß über die keine Stromspule enthaltende Zuleitung (3) eines Zweisystemzählers Erdung vermitteln kann, was die im zweiten Teil geschilderten Fälle möglich macht, die je nachdem was für Zählertypen in dem betreffenden Bezirk hauptsächlich in Frage kommen, wirtschaftlicher Bedeutung nicht entbehren, besonders dann, wenn damit zu rechnen ist, daß unredliche Installateure sich diese Erdung herstellen, um in ihrem Kundenkreis die betreffenden Zähler gegen Entgelt zu beeinflussen oder zu solchen Zwecken die entsprechenden Wunderspulen (!) zu gutem Preis an den Mann zu bringen.

Da der Kunde keinen besondern Wert darauf legt, daß sein Zähler zu allen Zeiten im rückwärtigen Sinne zu beeinflussen ist, sondern seine Absichten bereits erreicht sieht, wenn zeitweilig der Zähler zu seinem Vorteil zu beeinflussen ist, so sind, wenn dem Betrug solche Türen offenstehen, die Interessen des Werks immerhin als gefährdet anzusehen.

Das Vorstehende mag genügen, um darzutun, daß eine rationelle
Vorkehrung gegen die zur Behandlung stehenden Mißbräuche
nicht darin zu erblicken ist, daß man die Spannungen gegen Erde
unfixiert läßt. Das Festhalten an einer bestimmten Spannung
gegen Erde hat zum mindesten den Vorteil, daß eine zuverlässige
Basis zur Orientierung über die jeweils geeignetste, relativ einfachste Zählertype gegeben ist. Im andern Falle kann es dazu
kommen, daß bald der eine, bald der andere Abnehmer in die Lage
versetzt wird, das Werk zu schädigen, und letzterem ist dann außerdem der sichere Boden entzogen, auf dem es seine auf die Zähler
bezüglichen Dispositionen gründen kann, und zwar nicht nur was
die Wahl der bestmöglichsten Type anbetrifft, sondern auch hinsichtlich der geeignetsten Schaltungsweise und der richtigen An-
schlußausführung (u. a. bezüglich Sicherungen), so daß mit einem
Worte überhaupt nicht mehr in technisch korrekter Weise diesbezüglich vorgegangen werden kann.

Der bis hierhin zur Behandlung gekommene Stoff liefert auch
hinreichende Anhaltspunkte zur Betrachtung andersartiger Wechselstromnetze unter dem gleichen Gesichtswinkel; von weiteren
Erörterungen in dieser Richtung kann daher Abstand genommen
werden.

16. Gleichstromnetze.

Es liegt in der Natur der Sache, daß die Mißbräuche, welche in
Gleichstromanlagen vorkommen können, bei weitem nicht so zahl-
reich, noch so kompliziert gestaltet sind wie jene, die in der Eigenart mehrphasiger Wechselstromnetze ihren Grund haben.

Die wenigen bei Gleichstromzählern in Frage kommenden Verschleierungen des wahren Verbrauchs entsprechen — soweit sie in
den Rahmen der vorliegenden Ausführungen gehören — den bei
Zweileiterwechselstromanschlüssen möglichen Fällen.

Grundsätzlich ist bekanntlich allen Anschlüssen gemeinsam, daß
geerdete Leitungen keine Stromspulen enthalten dürfen. Wenn
gegen diese Regel verstoßen wird, ist natürlich auch hier in erster
Linie die Umgehung der Wirksamkeit der betreffenden Stromspule zu befürchten (ähnlich Fall 5), und sodann kann ferner der
Zähler in rückwärtigem Sinne beeinflußt werden, wenn — an Stelle
des Transformators bei Wechselstrom — einige Elemente oder eine

kleine Batterie Strom in der der normalen entgegengesetzten Richtung durch die geerdete Stromspule schicken (vgl. z. B. Abb. 95).

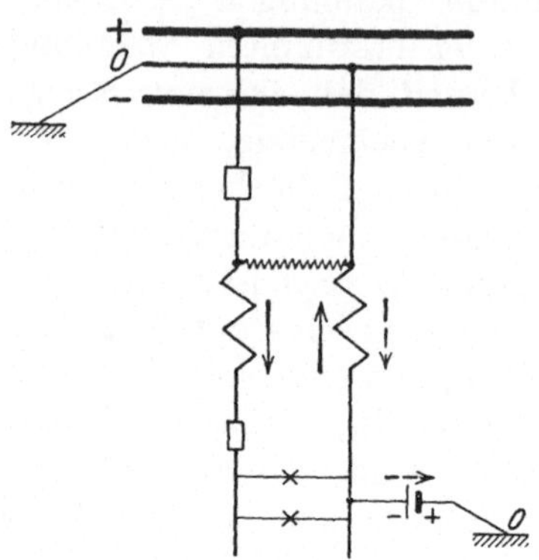

Abb. 95. Beeinflussung des zweipoligen Zählers in umgekehrtem Richtungssinne.

Anderseits sollen ungeerdete Leitungen stets nur über Stromspulen angeschlossen sein; sonst liegt bei geerdetem Nulleiter z. B. die Gefahr vor, daß die halbe Spannung unentgeltlich zur Beleuchtung verwandt wird (Abb. 96).

Bei Wattstundenzählern ist noch insbesondere darauf zu achten, daß der Spannungskreis nicht vom Netz abgeschaltet werden kann, da sonst das Funktionieren des Zählers von der Willkür des Abnehmers in analoger Weise, wie dies bei Wechselstrom geschildert wurde (Fall 1 und 3), abhinge.

Dieser Umstand läßt den von der Spannung unabhängigen Amperestundenzähler als betriebssicherer erscheinen, so daß man ihm wenigstens unter diesem Gesichtspunkte zugestehen muß, daß er dank seiner Einfachheit gleichzeitig besonders gut gegen Betrügereien schützt. Bei dieser Zählertype könnte lediglich — ebenso wie dies bei allen sonst üblichen möglich ist — eine Beeinflussung im rückwärtigen Sinne erfolgen, falls ein Punkt einer zu einer Stromspule gehörigen Zählerzuleitung zugänglich gemacht würde (Abb. 97). Dieser Fall

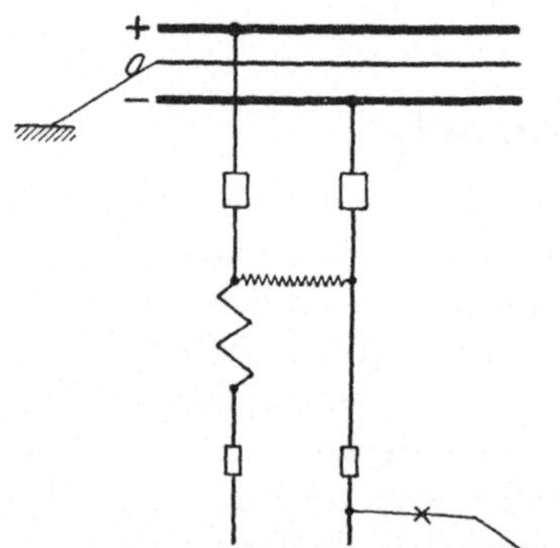

Abb. 96. Unentgeltliche Entnahme von Energie bei halber Spannung über einpoligen an die Außenleitungen angeschlossenen Zähler.

reicht bereits in das Gebiet der bekannten groben Energieentwendungen mittels Anzapfungen der Leitungen vor Eintritt in den Zähler, wogegen sich im allgemeinen die Werke durch geeignete Ausführung des Anschlusses schützen können. Immerhin besteht z. B. bei ins Haus tretenden Freileitungen hin und wieder die Gefahr, daß der Abnehmer während der Nachtzeit eine Verbindung unbemerkt anlegen kann. Würde er auf diese Weise nur widerrechtlich während der fraglichen Zeit Energie entziehen, so hätte dies, wirtschaftlich betrachtet, weder besondere Bedeutung für das Werk, noch für ihn im allgemeinen größeren Anreiz. Das Zurückstellen des Zählers in der angedeuteten Weise kann hingegen die Einnahmen des Werks erheblich schmälern. Es sollten daher zur Vermeidung solcher, wenn auch nur vorübergehend möglicher Betrügereien gegebenenfalls geeignete Vorkehrungen getroffen werden, wozu auch Zähler mit zuverlässiger Hemmvorrichtung zu rechnen sind.

Wird gegen die vorstehend erwähnten Richtlinien bei der Wahl der Zählertype und hinsichtlich der Anschlußweise nicht verstoßen, so reduzieren sich auch bei dem Vorhandensein zweier Zähler in derselben Installation die Betrugsmöglichkeiten auf ein Minimum.

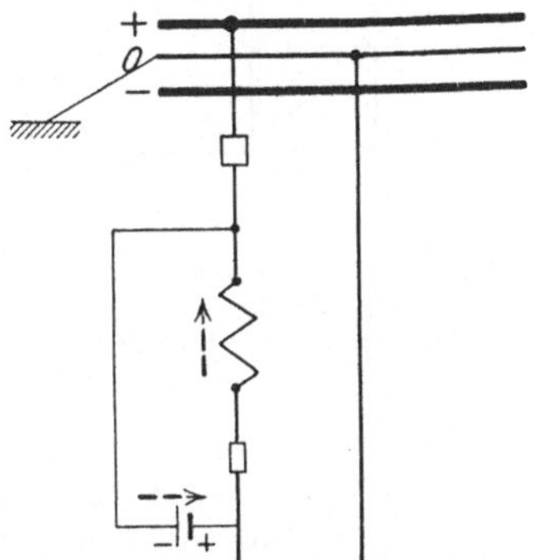

Abb. 97. Beeinflussung des einpoligen Zählers in umgekehrtem Richtungssinne infolge Herstellung eines Anschlusses an die Zählerzuleitung.

Der öfter vorkommende Fall, daß sowohl ein an die Außenspannung angeschlossener Kraftzähler wie ein an der halben Spannung liegender Lichtzähler vorhanden ist, deren Tarife stark voneinander abweichen, gibt leicht dazu Anlaß, daß der unredliche Abnehmer die von Rechts wegen zu höherem Preis zu verbuchende Energie über den andern Zähler billigeren Tarifs entnimmt. An sich ist diese eigenmächtige Abänderung stets möglich, da der Kunde lediglich in der eigenen Installation die entsprechenden Anschlüsse — bisweilen in vereinfachter Form (siehe Abb. 98) — zu bewerkstelligen hat. Je nach Lage der Umstände wird es bei einer in dieser Richtung vorgenommenen Inspektion mehr oder weniger schwer halten, den Tatbestand aufzudecken.

Der Abnehmer hat es aber auch in der Hand, anstatt direkt den

Verbrauch über den andern Zähler zu leiten, insgeheim die in dem einen registrierten Werte auf den andern nachträglich zu übertragen, wie aus Abb. 99 hervorgeht. Auch hiergegen würde eine einwandfrei funktionierende Hemmvorrichtung von Nutzen sein, die das Rückwärtsstellen unmöglich macht.

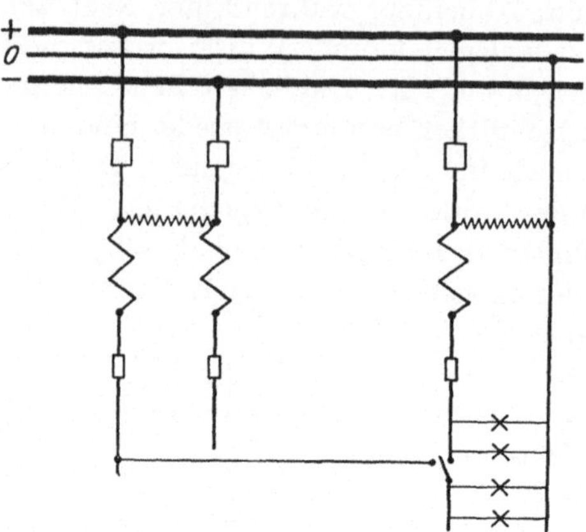

Abb. 98. Kombination zwischen zwei benachbarten Zählern, um den Verbrauch der Lichtanlage durch den Kraftzähler registrieren zu lassen.

Eine erheblich mehr ins Gewicht fallende, jedoch wegen der dazu erforderlichen Voraussetzungen weit seltener vorkommende Schädigung kann das Werk dann erleiden, wenn zwei an ungeerdete Leitungen geschaltete Zähler räumlich so nahe beieinander installiert sind, daß sie miteinander kombiniert werden können. Abb. 100 zeigt den Fall, in welchem nach Durchschlagen der Sicherung 4 der Gang des dazugehörigen Zählers — vermittels der Sicherung d — nach Willkür des Kunden abgestellt werden kann und wobei der andere Zähler nur den halben zwischen b und c entnommenen Energiebetrag registriert. Gemäß Abb. 101 werden nach

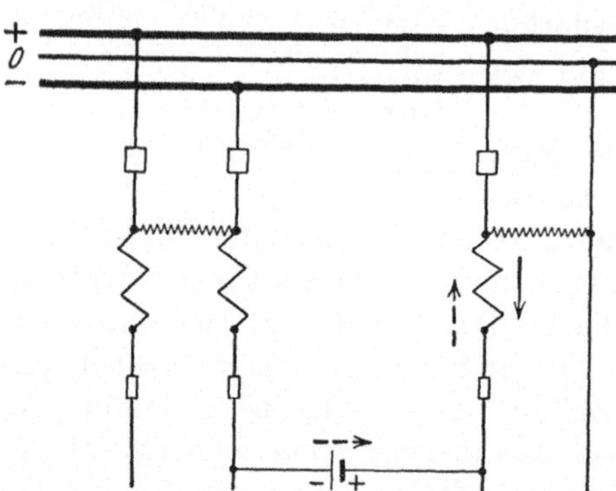

Abb. 99. Kombination zwischen zwei benachbarten Zählern zwecks Übertragung von Registrierwerten des einen auf den andern.

Eliminierung der Sicherungen 1 und 4 sogar beide Zähler in die gleiche Lage gebracht, so daß ganz nach Belieben, je nachdem

die Sicherung a bzw. d los- oder festgeschraubt wird, die Zähler-
funktionen gehemmt oder je zur Hälfte — infolge Schließung

des Spannungskreises und damit Wirksamwerdens der einen von Strom durchflossenen Zählerstromspule — wiederhergestellt werden.

Die primitivste Maßnahme hiergegen besteht darin, von Zeit zu Zeit die fraglichen Anschlußsicherungen nachzukontrollieren.

Eine Radikalvorkehrung läßt sich bei herausgeführtem, ge-

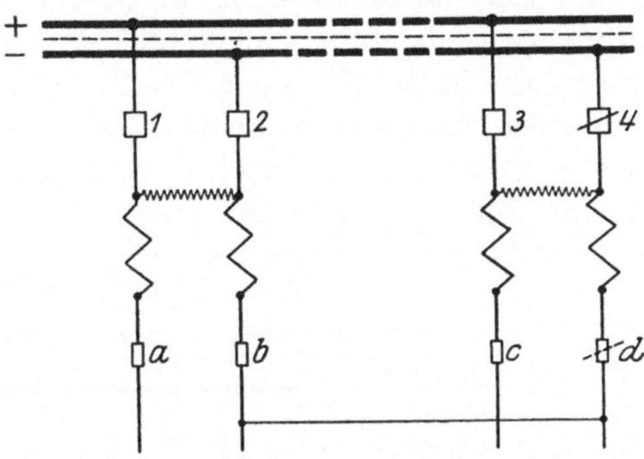

Abb. 100. Kombination zwischen zwei benachbarten Zählern mittels Sicherungsdurchschmelzung, infolgedessen der eine Zähler
nur den halben von der andern Anlage verbrauchten Energiewert registriert.

erdetem Nulleiter treffen, indem an die unterteilte Spannung angeschlossene Zähler in Ausführung entsprechend Abb. 102 zur Verwendung gebracht werden. In diesem Falle kann die vorbeschrie-

bene Kombination zu keiner Energiever-
schleierung führen, denn Summe der von beiden Zählern registrierten Energie bleibt auch dann gleich dem wirklichen Gesamtverbrauch.

Die letzterwähnte Lösung (Abb. 102) ist übrigens für das Elektrizitätswerk auch von Vorteil, ohne daß Kombinationen zwischen

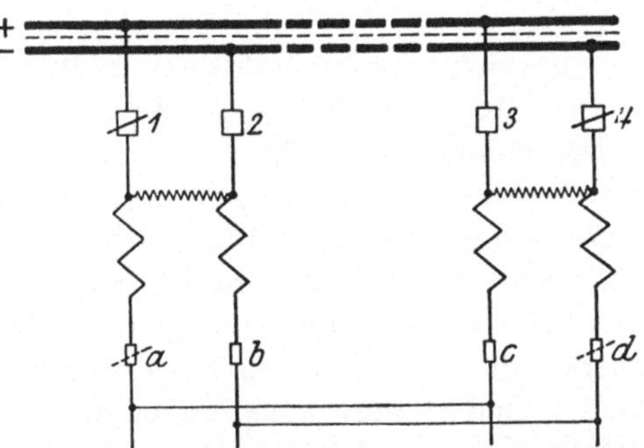

Abb. 101. Kombination zwischen zwei be-
nachbarten Zählern mittels beiderseitiger
Sicherungsdurchschmelzung, wodurch beide
Zähler außer Wirkung gesetzt werden können.

zwei Zählern in Frage kommen, sofern zu befürchten steht, daß
ein an die Außenleiterspannung angeschlossener Abnehmer sich
dauernd mit der halben Spannung begnügt. In solchem Falle

kann er nämlich, wenn ein lediglich über die Außenleiter angeschlossener Zähler — wie in Abb. 98 — vorgesehen ist, eine der
beiden Hauptanschlußsicherungen durch Kurzschluß gegen Erde
zum Durchschmelzen bringen (vgl. u. a. Fall 19, Abb. 21), wodurch
er es dann in der Hand hat, den Zähler nach Belieben mittels Losschrauben seiner entsprechenden Installationssicherung außer
Wirkung zu setzen. Handelt es sich hingegen um einen Zähler, wie
in Abb. 102 dargestellt, so bringt ein solches Vorgehen dem Abnehmer keinerlei Nutzen, da die einer Netzhälfte entnommene

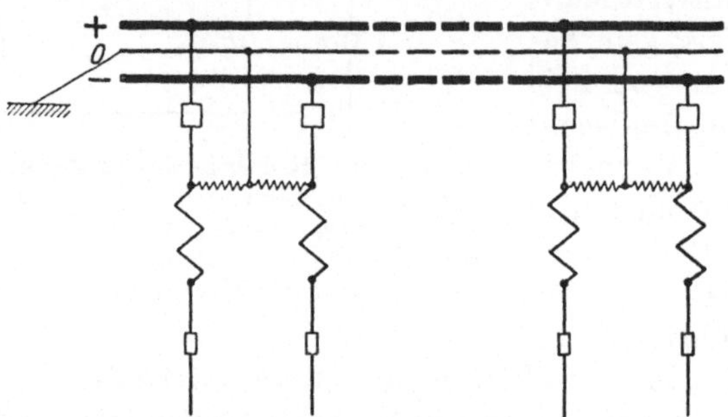

Abb. 102. Zwei benachbarte Zähler in Dreileiternetzen, die an die unterteilte Spannung angeschlossen sind.

Energie richtig registriert wird, unabhängig davon, ob der andere
Außenleiter vom Zähler abgetrennt ist oder nicht.

Der einfache Charakter der Gleichstromnetze an sich läßt an
Hand dieser Ausführungen ohne weiteres auch andersliegende
Fälle, soweit die Gefährdung der wirtschaftlichen Sicherheit in
der besprochenen Richtung in Frage kommt, leicht übersehen.

Allgemein kann ausgesprochen werden, daß die gebräuchlichen
anerkannten Gleichstromzähler durchweg ausreichenden Schutz
bieten, und es dürfte sich daher nur in besondern Fällen lohnen,
weiterreichende Mittel in dieser Hinsicht anzuwenden.

IV. Besondere Zählerschutzvorrichtungen.

17. Wirkungsweise der Vorrichtungen.

Eingangs wurde bereits darauf hingedeutet, daß bezüglich der zur Besprechung stehenden besondern Art von Verschleierungen des wirklichen Energieverbrauchs das prinzipielle Merkmal zutrifft, daß die Grundformel:

$$\sum_{1}^{n} i = 0$$

auf die durch den Zähler geführten n-Leitungen bezogen, nicht mehr erfüllt ist, weil die Natur des Eingriffs es mit sich bringt, daß hierbei andere Wege an dem Stromtransport teilnehmen.

Anderseits wurde erwähnt, daß auch bei Installationen mit einem blank verlegten Leiter diese Formel in dem obigen Sinne bedeutungslos wird. Daß letzteres der Genauigkeit der Meßfunktionen keinen Abbruch tun darf, liegt auf der Hand, wie denn auch z. B. aus Abb. 1 ohne weiteres hervorgeht, daß es gleichbedeutend ist, ob der Strom über den Nulleiteranschluß des Zählers oder etwa über einen geerdeten Punkt der Hausinstallationen seinen Weg nimmt.

In den vorgeschilderten Fällen von mißbräuchlicher Schädigung des Werks ist jedoch gerade in der Abweichung von obiger Grundformel das kennzeichnende Moment zu sehen. Auf Grund dieses sich aus der Diagnose allgemein ausschälenden Symptoms folgt dann ganz von selbst, daß unter solchen Umständen es lediglich darauf ankommt, wahrnehmen zu können, wie sich der Tatbestand im Hinblick auf jene Formel verhält. Das führt geradeswegs dazu, Differentialwirkungen der Lösung der so gestellten Aufgabe dienstbar zu machen, derart, daß die auf diesem Gedanken basierende Vorrichtung nur anspricht, wenn $\sum^{n} i$ von Null verschieden ist.

Die einfachste Konstruktion dieser Art gründet sich auf die Ausnutzung elektromagnetischer Wirkungen. Sind in den Zählerzuleitungen Spulen eingefügt, deren räumliche Lage untereinander insofern gleichwertig ist, als die von den Strömen erzeugten magnetischen Felder sich bei normaler Speisung der Anlage aufheben, so wird, wenn ein fremder, nicht dazugehöriger Weg an dem Stromtransport teilnimmt, eine magnetische Wirkung hervortreten, die dazu nutzbar gemacht werden kann, irgendeinen Mechanismus auszulösen.

Das Stromsystem kann ein beliebiges mit n-Leitungen sein, und es ist mit dem vor ausgeführten gleichbedeutend zu sagen, daß — unter Außerachtlassung des Richtungssinnes — der Strom in der Hinleitung gleich derjenigen in der Rückleitung sein muß, damit die Vorrichtung nicht in Tätigkeit tritt, wobei zu berücksichtigen ist, daß bekanntlich irgendeiner der n-Leiter als Rückleitung für die n—1-Ströme der andern in diesem Sinne die Hinleitung bildenden Leiter angesehen werden kann.

Die Anwendbarkeit der vorskizzierten Methode ist demnach bei gleichwelchem Leitungssystem gegeben; bei Drehstrom beispielsweise ergibt sich als einfachste Ausführungsform eine solche, bei der mindestens eine Gruppe von drei praktisch gleichgelegenen Wicklungen, die zweckmäßigerweise einen lamellierten Eisenkern umschließen, Verwendung findet, so daß ein magnetisches Feld zur Geltung kommt, sobald nicht mehr ausschließlich die drei normalen Leitungen den Stromtransport vermitteln.

Aus gleichen Gründen wie bei andern ähnlichen Apparaten empfiehlt sich für den offenen Eisenkern die U-Form. Bei Anbringung der Wicklung auf die beiden Schenkel ergeben sich dann mindestens zwei Gruppen der vorbezeichneten Wicklungsart.

Wie die Wicklungen im einzelnen ausgeführt werden, ist im Prinzip gleichgültig, solange ihre Anordnung die Annullierung der magnetischen Wirkung unter normalen Umständen gewährleistet.

Für Zweileiteranlagen reduziert sich die Zahl der pro Gruppe erforderlichen Wicklungen auf zwei, während im übrigen das Vorgesagte in analoger Weise zutrifft.

Die magnetische Wirkung kann in jedem Falle zur Betätigung von Mechanismen verschiedenster Art ausgenutzt werden, welche, generell betrachtet, in zwei Gruppen zerfallen, wovon die eine diejenigen Vorrichtungen umfaßt, die dazu dienen, den begangenen

Mißbrauch zu erkennen bzw. festzustellen, wie oft oder wie lange
er verübt worden ist, während der andern die Apparate angehören,
welche den Mißbrauch direkt selbsttätig unterbinden.

Die beiden Gruppen mögen in nachstehendem durch die Be-
zeichnungen „Kontrollapparate" und „Radikalapparate" unter-
schieden werden.

18. Kontrollapparate.

Eine der einfachsten Ausführungen ist eine solche, welche nach
Art der gewöhnlichen Tableauklappen bei Klingelanlagen an-
spricht und daher über das einmalige Vorkommen des fraglichen
Tatbestandes Aufschluß gibt.

Ein geeigneterer Mechanismus erlaubt mehrfache oder vielfache
Fälle mißbräuchlichen Stromschlusses mittels einer elektromagnetisch um eine Stelle fortschreitenden Anzeigevorrichtung (auf
Klappen oder Scheiben angeordnete Zahlen; Zeiger mit feststehen-
dem Ziffernblatt oder Ähnliches) zu registrieren. Ein zur praktischen Ausführung gelangter Apparat dieser Art wird nachstehend noch besonders beschrieben werden.

Auch läßt sich bis zu einer beliebig festzusetzenden Grenze die
Zeitdauer bestimmen, während der Beeinflussungen des Zählers
stattgefunden haben. Diese Vorrichtung lehnt sich an die bekannten Zeitzähler an und besteht im wesentlichen aus einem Uhr-
werk, das normal gesperrt ist und elektromagnetisch freigegeben
wird, sobald hierfür die vorgekennzeichnete Ursache vorhanden
ist. Da besondere Präzision des Uhrwerks für diesen Gebrauchszweck nicht erforderlich ist, lassen sich solche Apparate noch ziemlich preiswert herstellen. Um lediglich den Mißbrauch nachzuweisen, genügt eine ganz geringe Gangzeit des Uhrwerks; soll hingegen die Vorrichtung gleichzeitig erlauben, den maximal möglichen Wert der elektrischen Arbeitshinterziehung zu bestimmen, so
ist natürlich eine recht lange Gangzeit zweckmäßig. In diesem
Falle kann die gemessene Zeitdauer direkt als Basis benutzt werden, um die Ansprüche des Werks an den Abnehmer zu berechnen,
wobei sich, soweit nicht durch die besondere Lage der Umstände
bestimmtere Anhaltspunkte gegeben sind, die Maximalstrom-
stärke, die der Zähleranschluß zuläßt, als weitere Grundlage ver-
werten läßt. Eine etwa hierdurch dem Abnehmer erwachsende

Schädigung hätte dieser nur seiner eigenen unrechtmäßigen Handlungsweise zuzuschreiben.

Es lassen sich auch akustische oder Alarmvorrichtungen verwenden, deren unangenehme Wirkungen einerseits die Abnehmer davon abhalten können, Mißbrauch zu treiben und die anderseits die Aufmerksamkeit Fremder auf den anormalen Zustand der Anlage lenken. In vielen Fällen können solche Apparate völlig ausreichen, insbesondere in öffentlichen Lokalen und in Wohnungen, in denen die im allgemeinen mit den Zählern zusammen zu installierenden Schutzapparate an Stellen angebracht sind, von denen aus das betreffende Geräusch bestimmt anderweitig gehört würde.

Die Vorrichtungen können auch je nachdem so eingerichtet werden, daß die akustische Wirkung solange fortdauert, bis das Werk sie selbst abstellt. Dort, wo aus bestimmten Gründen schrill wirkende Signale keine Verwendung finden können, kämen solche gedämpft in Frage, die wenigstens für den Ablesebeamten deutlich wahrnehmbar sein müssen. Sie könnten z. B. da am Platze sein, wo leicht ablesbare Anzeigevorrichtungen besonderer Raumverhältnisse halber nicht dem Zähler angefügt werden können, ein Fall, der immerhin vorkommen kann, wenn der Apparat in vorhandene Zählerschutzkasten eingefügt werden soll und z. B. das Lichtfenster lediglich zum Ablesen der Zählerangaben ausreicht.

Als besondere akustische Vorrichtung für Wechselstrom verdient noch eine solche erwähnt zu werden, die lediglich auf dem bei dieser Stromart — dank der Einwirkung des magnetischen Wechselfeldes auf Eisenblech — hervorgerufenen Summen beruht, welch letzteres je nach der getroffenen Anordnung mehr oder weniger intensiv ausfallen kann. Diese Wirkung kann auch bequem als Begleiterscheinung bei den vorbeschriebenen Apparaten erzielt werden (z. B. durch entsprechende Ausbildung des Ankers), so daß diese nicht nur registrierend arbeiten, sondern gleichzeitig während der Dauer des abnormalen Zustandes in der Anlage akustisch auf den letzteren aufmerksam machen.

Die Kontrollapparate, insbesondere solche mit akustischer Wirkung, können unter gewissen Umständen auch für den Abnehmer selbst von Vorteil sein, denn er wird bei Vorhandensein von groben Isolationsfehlern in seiner Anlage hierauf in zuverlässigerer Weise aufmerksam gemacht als dadurch, daß sein Monatsverbrauch mehr oder weniger auffallend zugenommen hat. Auch kann es bekanntlich vorkommen, daß Erdverluste lediglich nur dann auftreten, wenn ordnungsgemäß geschaltete Verbraucher unter Strom gesetzt werden, während mit dem Abschalten auch die Ursache, die zu den ersteren die Veranlassung gegeben, wegfällt, so daß der Tatbestand nicht durch Leerlauf des Zählers offenkundig wird. Solche Zustände mögen in Ländern, in denen die elektrischen Anlagen im allgemeinen sachgemäß ausgeführt und nachgeprüft werden, zu den größten Seltenheiten gehören; jedoch sind z. B. in Argentinien wiederholt Fälle bekannt geworden, in denen, namentlich in Provinzstädten, die Abnehmer sich erst durch die höheren Monatsrechnungen zu Reklamationen veranlaßt sahen, wodurch dann schließlich — vielfach lange Zeit nach Eintreten des Defektes — der Tatbestand festgestellt wurde. Die durch Erdströme auf diese Weise verlorengegangenen Arbeitswerte haben bisweilen eine im Verhältnis zu der angeschlossenen Installation recht beträchtliche Höhe erreicht; in einem Falle ließ sich nachträglich der Verlust, auf den Monat bezogen, auf 30 kWh einschätzen.

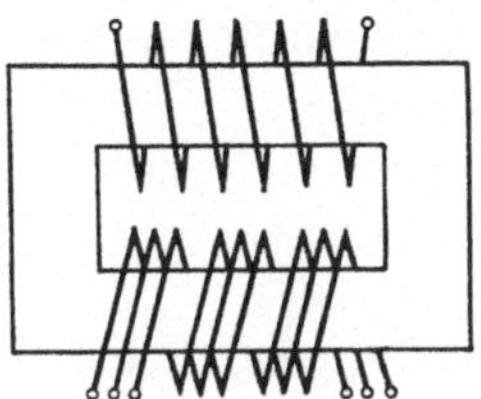

Abb. 103. Wicklungsanordnung auf einen geschlossenen Ring aus lamelliertem Eisenblech zwecks Induzierung einer elektromotorischen Kraft, sobald $\sum_1^n i$ von Null abweicht.

Es verdient noch eine besondere, für Wechselstrom bestimmte Ausführung Erwähnung, bei welcher die prinzipiell erforderliche Wicklungsanordnung auf einem geschlossenen Ring aus lamelliertem Dynamoblech aufgebracht wird, welcher außerdem noch eine Wicklung für sich trägt (Abb. 103), in der, sobald $\sum_1^n i$ von Null abweicht, eine elektromotorische Kraft induziert wird, die zur Betätigung irgendeines Apparats dienen kann.

Eine Vorrichtung dieser Art erscheint besonders zur zeitweiligen Zwischenschaltung in Verteilungspunkten angebracht und kann z. B. in Verbindung mit einem eigens dazu bestimmten Voltmeter, einen Maßstab über die Bedeutung der etwa vorhandenen abnormalen Verhältnisse liefern. Ob gegebenenfalls diese von schlechtem Isolationszustand oder von mißbräuchlicher Energieentnahme herrühren, ist eine Frage, die dann weiter Beachtung verdient.

Die Verwendung eines solchen Apparats setzt selbstverständlich voraus, daß es sich nicht um Anlagen mit blank verlegtem Nullleiter handelt, bei denen ohnehin die Erde am Stromtransport beteiligt ist.

Durch Kombination des Apparats mit Dietzschen Anlegern unter genauer Beobachtung der elektrischen und geometrischen Verhältnisse läßt sich die Bequemlichkeit der Handhabung steigern, da dann ohne jegliche Unterbrechung der Zustand der Anlage in jedem gewünschten Moment kontrolliert werden kann. Der geringe Grad der möglichen Ungenauigkeit, der durch solche Anleger in die ordnungsgemäß vorgenommene Messung noch hereinkommen kann, spielt für den vorliegenden Gebrauchszweck keine besondere Rolle.

19. Radikalapparate.

Die eigentlichen Radikalapparate lassen sich hinsichtlich ihrer Wirkungsweise in zwei Unterabteilungen gruppieren, und zwar gehören in die eine diejenigen Apparate, bei denen der Abnehmer nach verübtem Mißbrauch bis zum Dazwischentreten des Werks von dem Netz abgeschaltet bleibt; der andern Unterabteilung hingegen sind die Apparate zuzuzählen, bei denen ordnungsgemäße Stromentnahme weiter möglich ist, sobald der Abnehmer den Mißbrauch abgestellt hat.

Die elektromagnetische Wirkung läßt sich analog wie bei den Kontrollapparaten in beiden Fällen gleich gut verwenden. Im ersten Fall kann z. B. auf diese Weise der Kontakt eines Hilfskreises geschlossen werden, der die Sicherungen zum Durchschmelzen bringt oder aber einen eigens dazu eingebauten automatischen Ausschalter betätigt; die in Frage kommenden Vorrichtungen sind natürlich unter so sicherem Verschluß unterzubringen, daß der Abnehmer nicht eigenmächtig die Unterbrechung unbemerkt beheben kann.

Im zweiten Falle kann die Konstruktion des Apparats so ausgeführt werden, daß durch Vermittlung der elektromagnetischen Wirkung in ähnlicher Weise wie bei Strombegrenzern der Mißbrauch unterbunden wird, während bei Rückkehr zur normalen Schaltung des Verbrauchers der Apparat sich wieder passiv verhält.

Die Radikalapparate sind natürlich wesentlich teurer in der Herstellung als die Kontrollapparate. Ihre technische Überlegenheit, insofern bei ihrem Vorhandensein die Interessen des Werks sofort automatisch gewahrt werden, wird nur ausnahmsweise ausschlaggebend sein, denn der Kontrollapparat, der darüber belehrt, daß eine Anlage sich in normalem Zustande befindet, reicht zu dieser Erkenntnis und damit zur Beruhigung des Werks aus, so daß er überflüssiges Nachforschen und Revisionen in dieser Richtung, die in sonst verdächtigen Fällen (wie z. B. bei großen monatlichen Konsumschwankungen) nötig wären, erspart.

In jenen Fällen aber, in denen Mißbrauch vorgekommen ist, wird dieser sich im allgemeinen schon allein wegen des Vorhandenseins von Kontrollapparaten, die ihn von neuem offenkundig machen würden, nicht wiederholen, insbesondere da nunmehr das Werk in die Lage gekommen ist, den Abnehmer in der geeignet erscheinenden Weise zu verwarnen. Auch wird das Werk, sobald ein solcher Tatbestand offenkundig ist, durchweg andere Maßregeln ergreifen können, die gegebenenfalls ausreichend sein können (Ersatz des installierten Zählers durch einen hochwertigen gemäß dem früher Gesagten; gesichertere Installation der Zuführungsleitungen usw.).

Aus diesen Erwägungen heraus erübrigt es sich, die Radikalapparate einer eingehenderen Betrachtung zu unterziehen.

20. Zur Ausführung gelangte Typen.

Ein nach den Angaben des Verfassers (auf Grund seines argentinischen Patents Nr. 13620[1])) von Siemens-Schuckert, Buenos Aires, im Jahre 1917 hergestellter Kontrollapparat ist in den Abb. 104, 105 zur Abbildung gebracht. Diese Ausführung erlaubt bis zu zehn mißbräuchlichen Anschlußfällen zu registrieren, doch kann diese Zahl auch leicht gesteigert werden, was hingegen im allgemeinen nicht erforderlich ist, da lediglich deshalb mehrere Fälle angezeigt werden sollen, damit nicht etwa durch einen unfreiwillig gegen Erde eingetretenen Kurzschluß die Überwachungsorgane des Werks irregeführt werden.

---

[1]) D. R. P. Nr. 364341.

Im Jahre 1918 wurde von einer argentinischen Zählerfabrik, die unter Leitung des Verfassers stand, ein ähnlicher Apparat auf den Markt gebracht, dessen innerer Teil prinzipiell dem

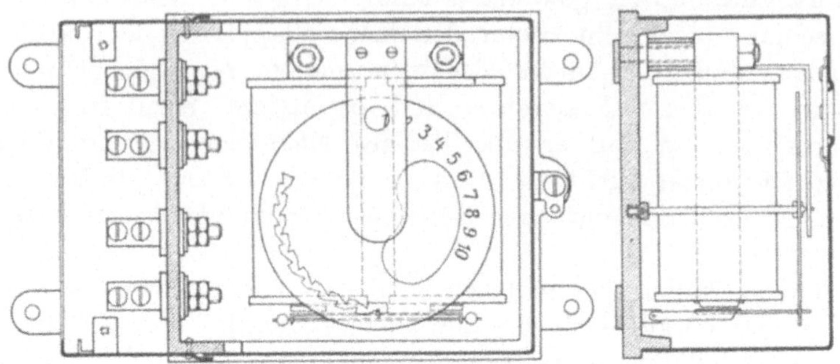

Abb. 104, 105. Kontrollapparat, ausgeführt von Siemens-Schuckert, Buenos Aires (1917), Maßstab 1 : 3.

vorigen gleich ist, während seine Ausführung knapper gehalten wurde (Abb. 106).

In der gleichen Fabrik sind Wechselstromzähler Type Ferraris mit direkt eingebauter, der vorigen gleichwertiger Schutzvorrichtung (Abb. 107—109) durchkonstruiert worden, deren Dimensionen kaum von denen üblicher Zähler abweichen. Der Vorteil, der damit verbunden ist, daß Zähler und Kontrollapparat in einem gemeinsamen Gehäuse untergebracht sind, besteht nicht nur in gefälligerem Äußern, sondern vornehmlich in Raumersparnis und Vereinfachung des Anschlusses.

Allerdings ist hierbei zu bedenken, daß dem Kontrollapparat an sich ein größerer Wirkungskreis offen steht, da er nachträglich in allen jenen Fällen vorgesehen werden kann, in denen die bereits

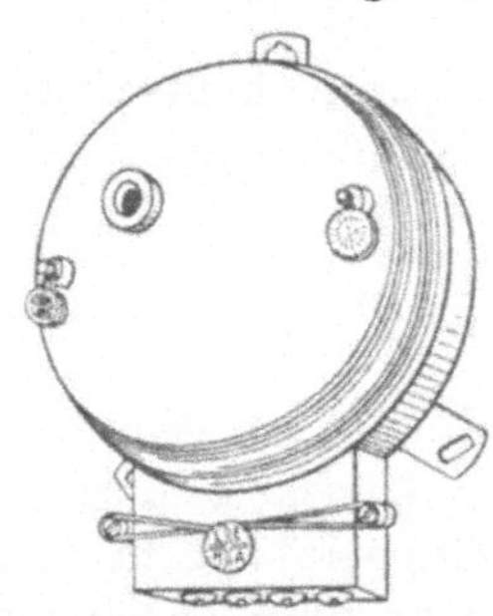

Abb. 106.
Kontrollapparat in gedrungener Form (1918), Maßstab 1 : 3.

vorhandenen Zähler — die zu ersetzen bedeutend mehr Kosten verursachen würde — infolge ihrer Ausführungsart den vorbesprochenen Verschleierungen des wirklichen Verbrauchers mehr oder weniger Vorschub leisten.

Der Zähler mit eingebauter Kontrollvorrichtung ist — wie sich an Hand der früher beschriebenen Fälle leicht feststellen läßt — immerhin in manchen Anlagen am Platze und kann unter bestimmten Umständen, z. B. dort, wo die Spannungen gegen Erde nicht fixiert sind, dank seiner Wirkungsart jeder andern Lösung überlegen sein.

Auch läßt er sich an Stelle von Zählern mit nächsthöherer Systemzahl — soweit lediglich die Gegenstand des vorliegenden

Abb. 107. Inneres des Wechselstromzählers Type Ferraris mit eingebauter Schutzvorrichtung.

Buches bildenden Gesichtspunkte in Betracht kommen — verwenden, falls ein erheblicher Preisunterschied dazu den Anlaß gibt. Es verdient z. B. besonders hervorgehoben zu werden, daß der Zweisystemzähler mit Kontrollvorrichtung in Drehstromdreileiteranlagen auch dann, wenn der Nullpunkt des Systems geerdet ist, ebenso zuverlässig ist wie ein Dreisystemzähler, dessen Geeignetheit hinsichtlich Vorbeugung gegen betrügerische Beeinflussungen an anderer Stelle gewürdigt worden ist.

Auf den Grad der Zweckdienlichkeit der geschilderten Vorrichtungen soll hier nicht ausführlicher eingegangen werden. Bei der wirtschaftlich abwägenden Betrachtung spielt naturgemäß die Preisfrage die wesentlichste Rolle, wobei den einzelnen Werken schließlich auf Grund ihrer eigenen Erfahrungen auf diesem Ge-

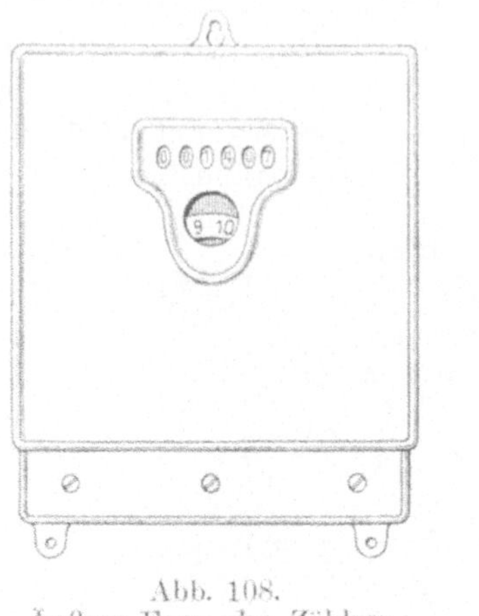

Abb. 108.
Äußere Form des Zählers.
Maßstab 1 : 3.

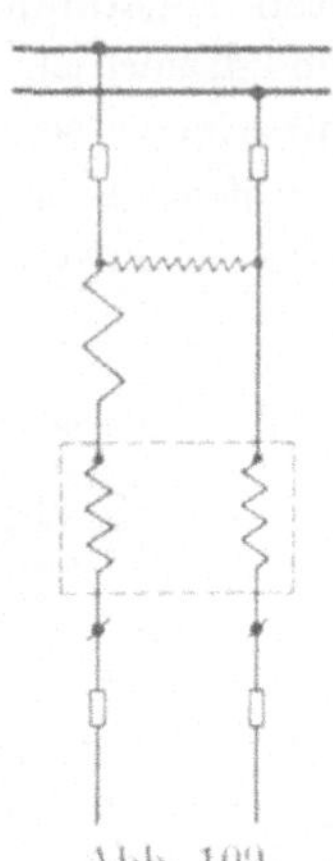

Abb. 109.
Schaltungsschema
des Zählers.

biete, in Zusammenhang mit dem Wirkungsgrad ihrer Netze[1]), Unterlagen zur Verfügung stehen, deren Bewertung ausschlaggebend in die Wagschale fallen muß.

---

[1]) Hierzu möge nebenbei auf einige in der ETZ 1922, Heft 8, veröffentlichte Daten bezüglich des — früher — deutschen Elektrizitätsunternehmens in Buenos Aires hingewiesen werden, welches in den vorliegenden Ausführungen seiner besonderen Eigenheiten halber wiederholt Erwähnung gefunden hat. Bei der jährlichen Stromerzeugung von rund 237 500 000 kWh betrugen die Verluste 49 880 000 kWh (ca. 20,6%), wozu der Berichterstatter außer den üblichen auch als eine ihrer Komponenten die Stromdiebstähle namhaft macht. Darüber, welcher Anteil letzteren zufällt, ist kein Anhaltspunkt vorhanden. Die Möglichkeit ihrer wirtschaftlichen Bedeutung dürfte aber bei solch erheblichem Gesamtverluste immerhin solange nicht zu verkennen sein, als zu ihrer Spezifizierung keine zuverlässigen Wege begangen werden.

Elektrotechnische Meßkunde. Von Dr.-Ing. **P. B. Arthur Linker.** Dritte, völlig umgearbeitete und erweiterte Auflage. Mit 408 Textfiguren. Unveränderter Neudruck. 1923.   Gebunden GZ. 11

Elektrotechnische Meßinstrumente. Ein Leitfaden. Von **Konrad Gruhn,** Oberingenieur und Gewerbestudienrat. Zweite, vermehrte und verbesserte Auflage. Mit 321 Textabbildungen. 1923.
Gebunden GZ. 5.8

Messungen an elektrischen Maschinen. Apparate, Instrumente, Methoden, Schaltungen. Von **Rud. Krause †.** Fünfte, vermehrte und verbesserte Auflage von Diplomingenieur **Georg Jahn.** Mit etwa 250 Textabbildungen.   Erscheint im September 1923.

Die Prüfung der Elektrizitätszähler. Meßeinrichtungen, Meßmethoden und Schaltungen. Von Dr.-Ing. **Karl Schmiedel,** Charlottenburg. Zweite Auflage. Mit etwa 100 Textfiguren. In Vorbereitung.

Meßgeräte und Schaltungen für Wechselstrom-Leistungsmessungen. Von **Werner Skirl,** Oberingenieur. Zweite, umgearbeitete und erweiterte Auflage. Mit 41 Tafeln, 31 ganzseitigen Schaltbildern und zahlreichen Textbildern. 1923. Gebunden GZ. 6

Meßgeräte und Schaltungen zum Parallelschalten von Wechselstrommaschinen. Von **Werner Skirl,** Oberingenieur. Zweite, umgearbeitete und erweiterte Auflage. Mit 30 Tafeln, 30 ganzseitigen Schaltbildern und 14 Textbildern.
Erscheint im August 1923.

Isolationsmessungen und Fehlerbestimmungen an elektrischen Starkstromleitungen. Von **F. Ch. Raphael.** Autorisierte deutsche Bearbeitung von Dr. **Richard Apt.** Dritte, neubearbeitete Auflage. Mit etwa 122 Textfiguren.   In Vorbereitung.

Die Materialprüfung der Isolierstoffe der Elektrotechnik. Herausgegeben von **Walter Demuth,** Oberingenieur, unter Mitarbeit der Oberingenieure **Hermann Franz** und **Kurt Bergk.** Zweite, vermehrte und verbesserte Auflage. Mit 133 Abbildungen im Text.   Erscheint im August 1923.

Ankerwicklungen für Gleich- und Wechselstrommaschinen. Ein Lehrbuch. Von Prof. **Rudolf Richter**, Karlsruhe. Mit 377 Textabbildungen. Berichtigter Neudruck. 1922. Gebunden GZ. 11

Die Hochspannungs-Gleichstrommaschine. Eine grundlegende Theorie. Von Elektroingenieur Dr. **A. Bolliger,** Zürich. Mit 53 Textfiguren. 1921. GZ. 2

Die Berechnung von Gleich- und Wechselstromsystemen. Neue Gesetze über ihre Leistungsaufnahme. Von Dr.-Ing. **Fr. Natalis.** Mit 19 Textfiguren. 1920. GZ. 1

Die symbolische Methode zur Lösung von Wechselstromaufgaben. Einführung in den praktischen Gebrauch. Von **Hugo Ring,** Ingenieur der Firma Blohm & Voß, Hamburg. Mit 33 Textfiguren. 1921. GZ. 2.3

Die Elektrotechnik und die elektromotorischen Antriebe. Ein elementares Lehrbuch für technische Lehranstalten und zum Selbstunterricht. Von Dipl.-Ing. **Wilhelm Lehmann.** Mit 520 Textabbildungen und 116 Beispielen. 1922. Gebunden GZ. 9

Elektromotoren. Ein Leitfaden zum Gebrauch für Studierende, Betriebsleiter und Elektromonteure. Von Dr.-Ing. **Johann Grabscheid.** Mit 72 Textabbildungen. 1921. GZ. 2.8

Der Drehstrommotor. Ein Handbuch für Studium und Praxis. Von Professor **Julius Heubach,** Direktor der Elektromotorenwerke Heidenau G. m. b. H. Zweite, verbesserte Auflage Mit 222 Abbildungen. 1923. Gebunden GZ. 14.5

Die asynchronen Wechselfeldmotoren. Kommutator- und Induktionsmotoren. Von Professor Dr. **Gustav Benischke.** Mit 89 Abbildungen im Text. 1920. GZ. 3.5

Telephon- und Signal-Anlagen. Ein praktischer Leitfaden für die Errichtung elektrischer Fernmelde- (Schwachstrom-) Anlagen. Herausgegeben von **Carl Beckmann**, Oberingenieur der Aktiengesellschaft Mix & Genest, Telephon- und Telegraphenwerke, Berlin-Schöneberg. Bearbeitet nach den Leitsätzen für die Errichtung elektrischer Fernmelde- (Schwachstrom-) Anlagen der Kommission des Verbandes deutscher Elektrotechniker und des Verbandes elektrotechnischer Installationsfirmen in Deutschland. D r i t t e , verbesserte Auflage. Mit 418 Abbildungen und Schaltungen und einer Zusammenstellung der gesetzlichen Bestimmungen für Fernmeldeanlagen. 1923.　　　　Gebunden GZ. 7.5

Die Nebenstellentechnik. Von **Hans B. Willers**, Oberingenieur und Prokurist der Aktiengesellschaft Mix & Genest, Berlin-Schöneberg. Mit 137 Textabbildungen. 1920.　　　　Gebunden GZ. 6.

Hochfrequenzmeßtechnik. Ihre wissenschaftlichen und praktischen Grundlagen. Von Dr.-Ing. **August Hund**, beratender Ingenieur. Mit 150 Textabbildungen. 1922.　　　　Gebunden GZ. 8.4

Radiotelegraphisches Praktikum. Von Dr.-Ing. **H. Rein**. D r i t t e , umgearbeitete und vermehrte Auflage von Prof. Dr. **K. Wirtz**, Darmstadt. Mit 432 Textabbildungen und 7 Tafeln. Berichtigter Neudruck. 1922.　　　　Gebunden GZ. 16

Radio-Schnelltelegraphie. Von Dr. **Eugen Nesper**. Mit 108 Abbildungen. 1922.　　　　GZ. 4.5

Der Radio-Amateur „Broadcasting". Ein Lehr- und Hilfsbuch für die Radio-Amateure aller Länder. Von Dr. **Eugen Nesper**. Mit 377 Abbildungen und 2 Kunstdruckblättern von L. Lutz Ehrenberger.　　　　Erscheint im August 1923.

Elektrische Durchbruchfeldstärke von Gasen. Theoretische Grundlagen und Anwendung. Von **W. O. Schumann**, a. o. Professor der technischen Physik an der Universität Jena. Mit 80 Textabbildungen. 1923.　　　　GZ. 6; gebunden GZ. 7.25

Anleitungen zum Arbeiten im Elektrotechnischen Laboratorium. Von E. Orlich. Erster Teil. Mit 74 Textbildern. 1923.　　　　GZ. 2